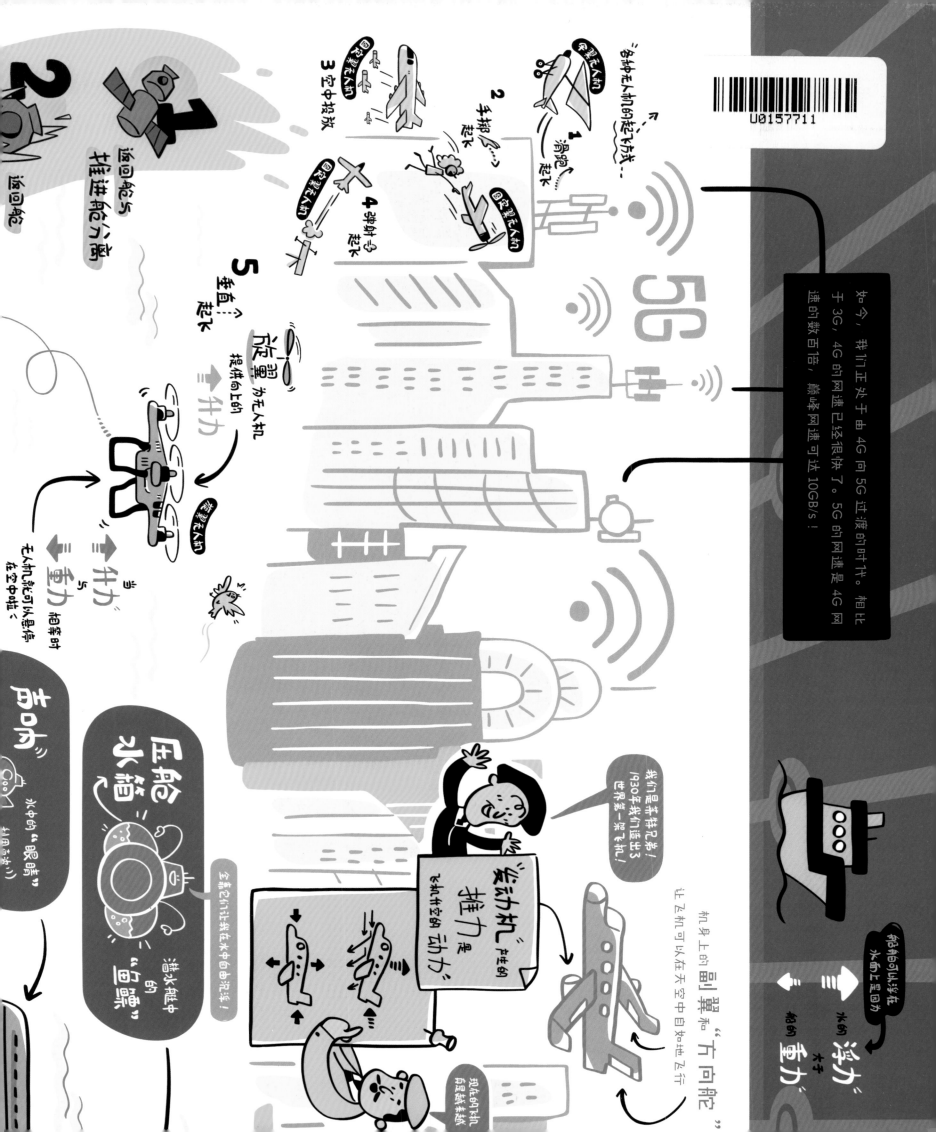

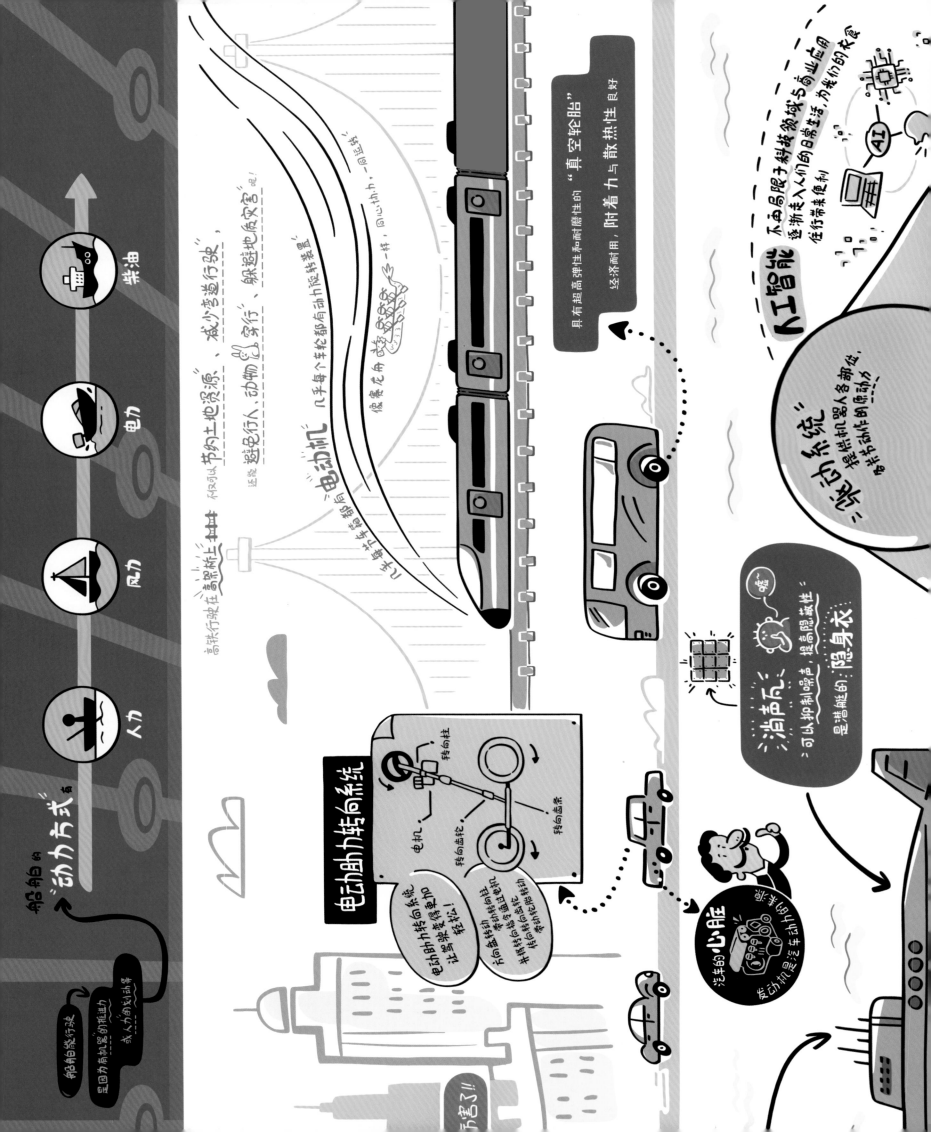

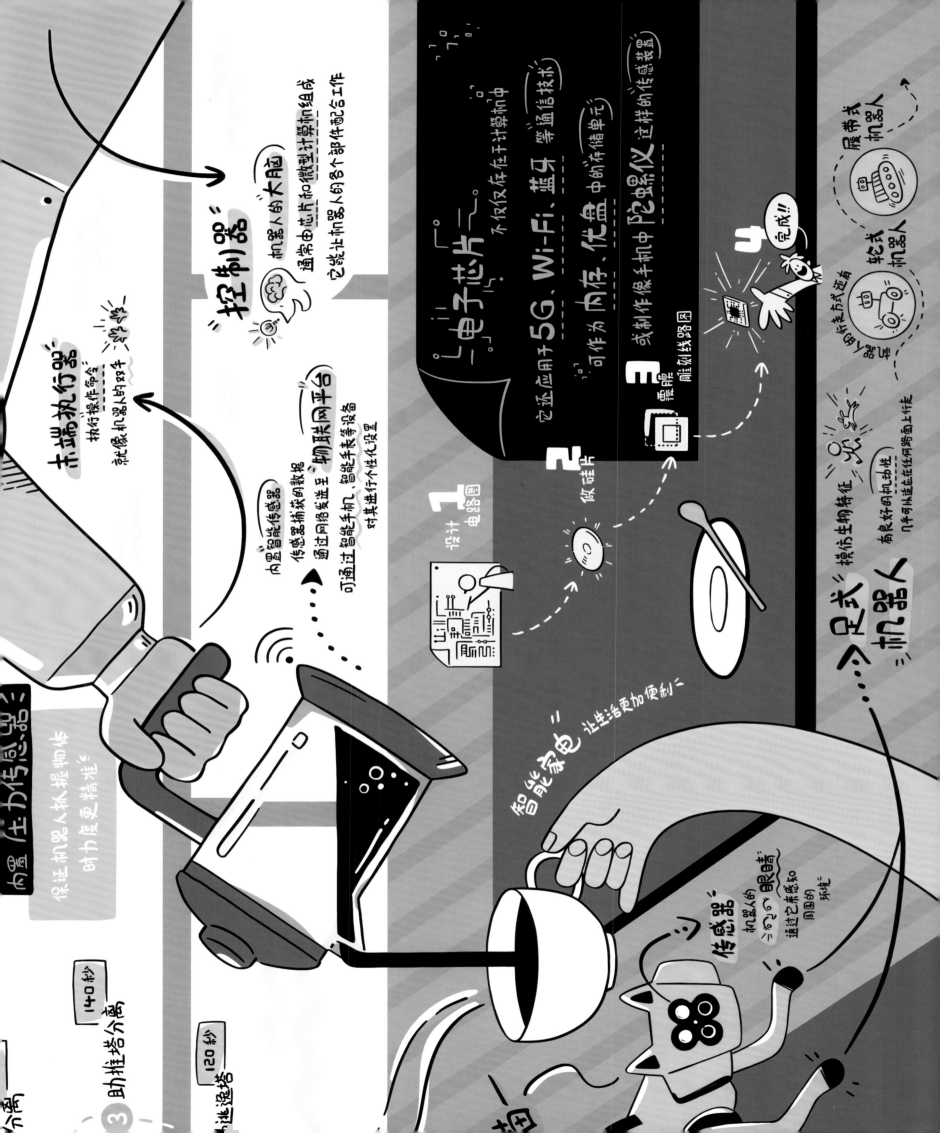

给孩子的机械启蒙书

藏在机械里的科学

上尚印象 著绘

电子工业出版社·
Publishing House of Electronics Industry
北京·BEIJING

图书在版编目（CIP）数据

藏在机械里的科学 / 上尚印象著、绘. -- 北京：电子工业出版社, 2023.2
ISBN 978-7-121-45002-0

Ⅰ.①藏… Ⅱ.①上… Ⅲ.①机械—少儿读物 Ⅳ.①TH-49

中国国家版本馆CIP数据核字（2023）第021761号

责任编辑：季　萌　　文字编辑：邢泽霖
印　　刷：当纳利(广东)印务有限公司
装　　订：当纳利(广东)印务有限公司
出版发行：电子工业出版社
　　　　　北京市海淀区万寿路173信箱　邮编：100036
开　　本：889×1194　1/8　印张：13　字数：246.25千字
版　　次：2023年2月第1版
印　　次：2023年2月第1次印刷
定　　价：128.00元

凡所购买电子工业出版社图书有缺损问题，请向购买书店调换。若书店售缺，请与本社发行部联系，联系及邮购电话：（010）88254888，88258888。
质量投诉请发邮件至zlts@phei.com.cn，盗版侵权举报请发邮件至dbqq@phei.com.cn。
本书咨询联系方式：（010）88254161转1876，xingzl@phei.com.cn。

前言
FOREWORD

　　机械渗透于生活中的各个领域，从衣、食、住、行，到国民经济，再到国防工业等，到处都有机械的身影。回望20世纪，人类发明和发展了各种先进化、智能化的机械，极大地改变了人类的生产和生活方式，推动了世界文明的进程。

　　机械是人类生产和生活的基本要素之一，也是人类物质文明最重要的组成部分。机械是伴随人类社会不断进步、逐渐发展与完善的。从原始社会时期人类使用的石制、骨制简易工具，到后来的杠杆、辘轳、汲水车等简单工具，再到如今的智能化、现代化、自动化工业机械，机械中蕴含的智慧和机械原理令我们好奇且着迷，相信很多人会被孩子提出的一些机械难题给难住：汽车是怎么跑起来的？飞机为什么可以在天上飞？船为什么能在水面上行驶？家里的家用电器是怎么运转的？……

　　如果你也想搞清楚这些机械难题的原理，了解机械背后的奥秘，翻开这本书，走进神奇的机械世界吧！为了拉近与读者的距离，我们独创了一个IP形象——克克罗，他是一个爱思考问题的小男孩，贯穿全文，是智慧的象征，引领读者认识各种机械。

　　本书选取了包括无人机、火箭、高铁等数十种涵盖多个领域的热门机械，通过孩子感兴趣的漫画故事和简单易懂的机械剖面图，引导孩子了解关于这些机械的故事，学习机械发展的历史进程，探索机械运转的原理。在讲解机械的同时，还巧妙地融入了与主题相关的中国的科技成果，让孩子在阅读的同时不仅能了解关于机械的知识，更能了解中国在该领域的发展与成就。

　　相信在读完这本书后，你会由衷地感叹："机械原来这么有趣啊！"

宋超

2023.2

目录
CONTENTS

汽车来了

　　一直以来，人类对交通工具的探索和发明从未停止。汽车自出现以后，很快超越马车，飞速地发展起来。从近代的蒸汽汽车，再到当代的燃油汽车和新能源汽车，无论是动力、造型，还是安全性，都发生了极大的变化。今天，汽车已经成为我们身边最常见的交通工具了。

发明汽车的先驱者 　　>>

　　从最初以蒸汽机为动力的蒸汽汽车到今天的汽车，汽车已经走过了二百多年的风风雨雨。我们从汽车的变化就能看出——科技一直在不断进步。

1672 年

　　比利时籍传教士南怀仁向清朝康熙皇帝展示了用蒸汽驱动的玩具车。这是最早设计的"汽车"。

> 皇家贵族的玩具。

1769 年

　　法国人尼古拉斯·古诺制造出了第一辆可以运转的三轮蒸汽车。

> 车体较重，转向不便，小心避让！

1805 年

　　美国人奥利弗·埃文斯发明了第一辆水陆两用蒸汽车。

> 感觉自己无敌啦！

1876 年

　　德国人尼古拉斯·奥托设计并制成了四冲程内燃机。1883 年，戴姆勒和迈巴赫改进了这个四冲程内燃机。他们都对汽车的诞生起到了极大的推动作用。

> 我发明了四冲程内燃机。

> 我们一起把它改改！

1885 年

　　德国人卡尔·本茨制造出了靠内燃机驱动的奔驰 1 号三轮汽车，这是世界上第一辆可以实际投入使用的汽车。

1888 年

　　约翰·邓禄普发明了充气轮胎并将它应用在了自行车上。充气轮胎的应用使自行车在行驶过程中减少了颠簸和冲击，也为后来的汽车轮胎研发奠定了基础。

> 感觉自行车舒服多了！

1891 年

　　法国潘哈德公司设计出首辆通过变速器（改变汽车运转速度的装置）和链条带动后轮转动的后驱汽车。

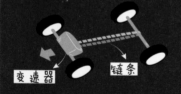

变速器　　链条

进入 20 世纪，汽车方向盘的基本造型定型为圆形。

1913 年

　　亨利·福特创建了世界上第一条汽车流水生产线，汽车可以批量生产了。

> 批量生产的感觉真爽！

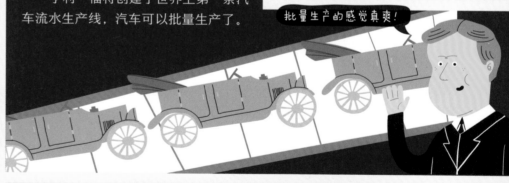

1930—1960 年

　　庞顿风格的汽车开始批量生产，它是现代汽车造型的先驱。

> 我的造型是经典！

1934 年

　　法国雪铁龙公司推出了发动机装在汽车前部、直接驱动前轮行驶的汽车。

发动机

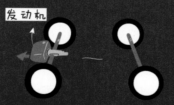

> 我有自动变速器！

1939 年

　　美国通用汽车公司推出了第一台安装了自动变速器（根据道路行驶情况和载荷情况自动换挡）的汽车。

1962 年

　　通用汽车公司又推出了首辆安装涡轮增压器（是一种空气压缩机，通过压缩空气增加发动机的输出功率）的汽车。

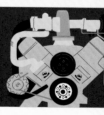

1968 年

美国规定汽车面向前方的座均要安装安全带。之后，很多家也都制定了汽车驾驶员和乘必须佩带安全带的规定。

要速度，更要安全！

1986 年

美国福特公司推出装配人性化内饰设计和计算机辅助设施的中型汽车——金牛座。

1997 年

日本丰田公司推出了第一款批量生产的油电混合动力汽车——普锐斯。

2008 年

中国比亚迪公司推出了世界上第一款批量生产的插电式混合动力汽车——F3DM。

① 发动机
② 发电机
③ 电动机

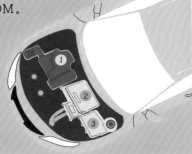

2012 年

谷歌公司完成了无人驾驶汽车的测试。该车没有方向盘、油门及刹车装置。

没有驾驶员

2018 年后

汽车开始装配更多的系统，如自动刹车系统、车道保持辅助系统等。

💡 克克罗小课堂

汽车之父 —— 卡尔·本茨

卡尔·本茨是德国著名的戴姆勒·奔驰汽车公司的创始人之一。他在 1885 年设计并制造出了第一辆使用内燃机驱动，且能在实际生活中使用的汽车，并于 1886 年 1 月 29 日申请了发明专利，他也因此被称为"世界汽车之父"。

今天我们来采访一下汽车之父！

那我就说说我的那些发明。

我出生于 1844 年，我的父亲是一名火车司机，我很崇拜他。在家庭环境的影响下，我从小便对机械有着浓厚的兴趣。因此，我读大学时选择了机械工程专业。

1872 年，我创办了铁器铸造和机械工厂。后来由于经营不善，工厂濒临倒闭。此后我开始研制发动机，并于 1885 年研制出单缸汽油发动机，制造出了世界上第一辆以汽油为动力的三轮汽车。

我发明的三轮汽车获得了发明专利。1886 年 1 月 29 日这一天被称为"汽车诞生日"。但这辆车最初其实是饱受争议的，是我妻子勇敢地驾驶它，用实际行动给了我极大的鼓励，让我有勇气把汽车做得更好。

越变越酷的汽车外形

看到如今汽车漂亮的流线型车身（流线型是指前圆后尖，表面光滑，略呈水滴的形状，具有这种形状的物体在运动时所受的阻力最小），你能想到，它最原始的车身是马车形状的吗？事实上，汽车车身是经历了复杂的"进化"过程才变成今天这个样子的。

马车形车身

最早的汽车车身是从马车车厢直接"移植"过来的。

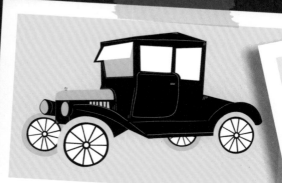

箱形车身

1915 年，美国福特汽车公司的 T 型车的车身由篷体改为厢体，车身很像一只大箱子，并装有门和窗。

甲壳虫形车身

1933 年，德国波尔舍博士把甲壳虫的外形应用到汽车造型上，使"甲壳虫"成为一款经典车型的代名词。

船形车身

20 世纪 50 年代，为创造舒适、宽敞的乘坐空间，船形车身的汽车出现了。从此，船形车身成为当代轿车造型的主流。

鱼形车身

将船形车身的后窗玻璃逐渐倾斜，变为斜背式，就成了鱼形车身。鱼形车身的优点是车内空间较大，稳定性更好。

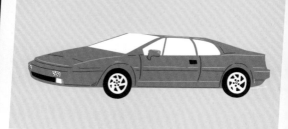

楔形车身

将鱼形车身整体向前下方倾斜，就变成了楔形车身。楔形车身不仅可以减少风的阻力，还可以更好地保护驾驶员的安全，是目前最理想的车身造型。

这么多车型，总有一款是你喜欢的！

各种奇特的汽车造型

汽车外形和基本构成

虽然汽车的造型多种多样，但组成它们的部件却基本相同，如车灯、车门、方向盘和中控显示屏等。

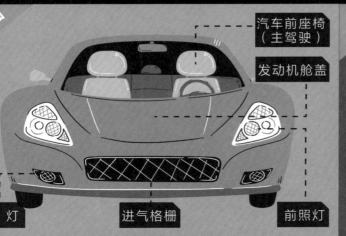

汽车前座椅（主驾驶）

发动机舱盖

灯　　进气格栅　　前照灯

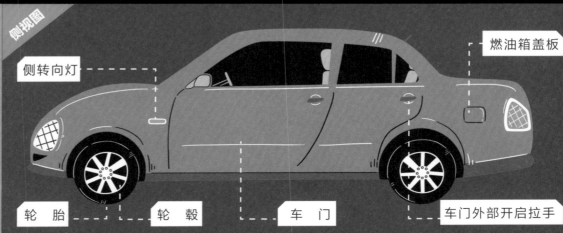

侧视图

侧转向灯

燃油箱盖板

轮胎　　轮毂　　车门　　车门外部开启拉手

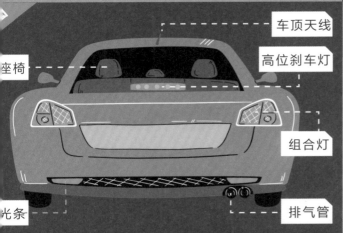

车顶天线

高位刹车灯

座椅

组合灯

光条　　排气管

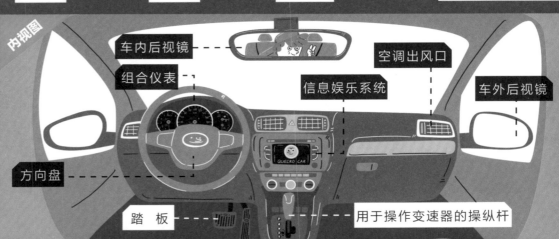

内视图

车内后视镜

空调出风口

组合仪表

信息娱乐系统

车外后视镜

方向盘

踏板　　用于操作变速器的操纵杆

克克罗安全提示！

请注意，儿童乘坐汽车时要坐在后排的座位上，不要随意触碰任何按钮哟！

汽车的"力气"从哪儿来？

大部分汽车都以汽油或柴油为燃料。为了保护环境，我们需要更加环保的新能源汽车。相信在不久的将来，油电混合动力车、纯电动车，甚至氢气汽车会代替传统的燃油汽车，成为人见人爱的主流车型。

气油车和柴油车

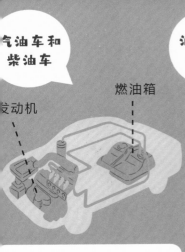

发动机　　燃油箱

用汽油或柴油作为燃料来驱动车辆行驶。

油电混合动力车

发动机　　动力电池

　　　　电动机

油电混合动力车是在传统燃油车的基础上，增加了电动机、动力电池等装置。相较于传统的燃油汽车，油电混合动力车更经济、环保。

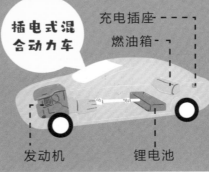

插电式混合动力车

充电插座

燃油箱

发动机　　锂电池

插电式混合动力车装有发动机和锂电池，主要使用外接电源给车辆充电。车辆在行驶时，优先选择电能驱动，只有当电池电量耗尽时才会启动发动机驱动车辆继续行驶。

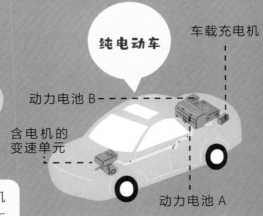

纯电动车

车载充电机

动力电池 B

含电机的变速单元

动力电池 A

纯电动车是指完全由可充电电池提供动力，用电机驱动车轮行驶的车辆。

汽车里的小秘密

汽车的外部构造并不复杂，它最重要的部分都藏在车身里。一般轿车要由一万多个不可拆解的独立零部件组装而成，组装汽车绝对是一项了不起的工作！

1 发动机
汽车的动力装置，为汽车提供动力。

3 变速器
变速器是汽车的动力传动，与操纵杆配合使用，可以使汽车不同的速度区间行驶。

2 燃油箱
存放汽油或柴油。

4 踏板
从左至右分别是刹车踏板和油门踏板。

5 手刹
用于停车时制动，防止车辆在无人状态下滑动。

6 排气管
负责把发动机产生的废气从汽车尾部排出。

8 组合仪表
显示油量、车速、发动机转速等各种汽车信息。

7 蓄电池
为发动机提供启动电流，并为车内其他电器供电。

9 冷却液存储器
存放冷却发动机的液体。冷却液有防腐、防冻和散热的功能。

10 方向盘
控制汽车行驶方向的工具。

11 水箱
发动机冷却系统内的部件，防止发动机过热而导致汽车出现故障。

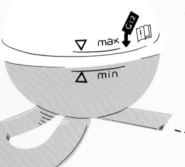

13 轮胎
汽车在路面上行驶的重要部件。

12 车灯
车辆行驶时用于照明及发出信号的部件。

开车要专心，不可马虎大意！

14 安全气囊
与安全带配合使用，可以为驾驶员和乘客提供有效的防撞保护。

当我们在开车时，只能用脚去感觉刹车踏板和油门踏板的位置，设计师把它们设计成一高一低，方便用脚就可清楚辨别。在开车时千万不要踩错踏板哦！

汽车为什么跑得快？

汽车之所以比马车和自行车等交通工具跑得都要快，是因为它有一个强大的动力装置——发动机。

太累了！

你慢慢跑，我在前面等你！

太快了！

你们都追不上我！

人类跑步的速度一般为 10千米／时（"千米／时"速度单位，1千米／时约于0.28米／秒）。当然，步是最累的。

自行车的速度一般为18千米／时，但需要人力骑行。

马车的速度一般为20千米／时。在火车和汽车被发明出来以前，马车是陆地上行驶速度最快的交通工具。

汽车在城市道路上的行驶速度一般为60～80千米／时，由发动机驱动。

发动机就是汽车的"心脏"。

克克罗 TIME 时间

汽车的类型多种多样，发动机也有许多种类型，按照燃料的不同，可分为柴油发动机、汽油发动机、油电混合发动机等。考虑到环境和能源问题，克克罗认为，以后使用油电混合发动机和电动机的汽车会越来越多。

汽车发动机的奥秘

发动机是汽车的动力来源，是汽车的"心脏"，一般位于汽车驾驶位的前方。

喷油器
将液态的燃油变成雾状喷出，与空气混合。

火花塞
产生电火花，点燃发动机内的燃油和空气混合物。

气 缸
点燃后的混合物在气缸内燃烧膨胀。

曲 轴
将活塞的往复直线运动变成圆周运动，带动车轮转动。

分进气门和排。进气门将空入发动机，与混合燃烧。排将燃烧产生的排出并散热。

受混合气体燃膨胀的推动，带轴运动。

是我首先提出了内燃机的设想。

内燃机是将燃料燃烧时放出的热能直接转化为动力的发动机。

要使内燃机连续工作，活塞必须能在气缸内往复运动。活塞在气缸内往复运动时，从气缸的一端运动到另一端的过程，叫一个冲程。四冲程内燃机是由吸气、压缩、做功、排气四个冲程的不断循环来保证其连续工作的。

发动机的"心脏"——气缸

气缸的整体工作流程：燃料进入燃烧室，火花塞点火，燃烧室会发生"爆炸"，带动活塞连杆组做往复运动。一般发动机都是由多个气缸构成的，如我们经常听到的4个气缸、6个气缸等。

气缸内的"劳模"——活塞连杆组

活塞连杆组是气缸内最辛苦的部件，它的头上不断有"爆炸物"燃烧，脚下还要不停地蹬动曲轴。

你知道吗？气缸的原理竟来源于大炮！1680年，荷兰科学家霍因斯受到大炮原理的启发，想要将大炮强大的力量应用于其他机械。于是，他开始向气缸内注入火药。但由于他的实验过程太长，最终没有成功。不过，正因为他率先提出了这样的设想，才有了后来的发动机。

克克罗 TIME 时间

"开动！" "刹车！" 你知道汽车是怎么做到的吗？

汽车的行驶包括汽车的启动和加速，汽车的制动包括汽车的减速和停车。要熟练掌握这些技巧，才能成为一名合格的汽车驾驶员。

汽车的行驶

① 启动点火装置，发动机准备工作。

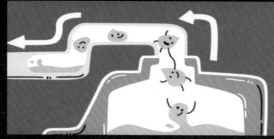

② 轻踩油门踏板，燃油箱中的燃油会通过油泵输送到发动机中。

④ 发动机带动传动轴转动，传动轴会驱动汽车车轮转动，汽车就可以行驶了。

③ 燃油在发动机内会压缩达到一定的温度和压力，然后被点燃、燃烧，驱动发动机工作。

发动机

汽车行驶系统

- → 燃油箱
- → 点火装置
- → 发动机
- → 传动轴

汽车的制动

① 踩动刹车踏板。

刹车踏板

② 真空助力器将踩动踏板的力放大，放大后的力会推动制动总泵工作。

真空助力器

③ 制动总泵控制每个车轮上的制动分泵推动制动片收紧。

制动总泵

④ 哥们儿，使劲儿！制动片紧压制动盘，在制动盘上产生摩擦，完成了刹车的操作。

- → 制动盘
- → 制动片

汽车制动系统

- ① 制动盘
- ② 制动片
- ③ 制动分泵

汽车的行驶和制动是非常复杂的过程，需要多个零部件共同配合工作。

刹车踏板
真空助力器
制动总泵

汽车的后视镜和倒车影像

汽车的后视镜让驾驶员在驾驶位上就能直接观察到汽车后方、侧后方的交通情况，而且，为了提升汽车安全性，有些汽车还安装了360°全景影像。驾驶员安稳地坐在车内，就能看到四周的情况，所以一点儿也不用慌张。

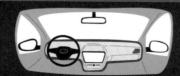

汽车的内后视镜

汽车的内后视镜反映的是汽车后方及车内的情况，避免盲区造成安全隐患。

汽车的外后视镜

汽车的外后视镜反映的是汽车侧后方的情况。外后视镜通常使用凸面镜（也叫广角镜），用来扩大视野范围。

360度全景影像

汽车安装了4个广角摄像头，其视场能覆盖车辆周围所有角度。

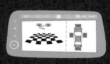

360°全景影像便于驾驶员通过显示屏观察汽车四周的情况，了解车辆周边视线盲区，并安全地停泊车辆。

汽车的安全保护装置

汽车在行驶过程中偶尔会发生意外，不用怕，车内的安全保护装置会保护我
你知道安全保护装置都有哪些吗？牢记它们的位置，在乘车时就会更安全。

两点变三点

汽车最早配备的安全带是两点式的，这种安全带只能固定住乘客的下半身，如果冲击力过大，人还是会飞出去的。为了保证乘客的安全，1959 年瑞典沃尔沃公司的设计师尼尔斯·博林发明了三点式安全带，这也是目前应用范围最广的安全带。

如果不系安全带，当汽车发生碰撞时，车内人员可能会被巨大的冲击力甩出车外。

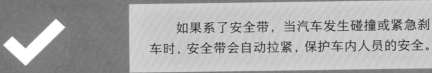

如果系了安全带，当汽车发生碰撞或紧急刹车时，安全带会自动拉紧，保护车内人员的安全。

安全气囊

安全气囊必须与安全带配合使用。据统计，安全气囊可使驾驶员和乘客头部受伤率降低 25%。

后向式安全座椅

后向式安全座椅是专门为 9 千克以下的婴幼儿设计的汽车安全座椅。当汽车发生碰撞时，它可以有效保护婴儿的头颈，减弱刹车时的强大冲力。

三点式安全带的发明，是对行车安全非常重大的贡献。沃尔沃公司还把安全带发明专利免费开放，以推广这项保护生命的发明。

三点式安全带发明者
尼尔斯·博林

汽车是怎么做出来的？

制造汽车有一套非常完备的流水生产线，从安装到出厂，完全是"一条龙"服务！你马上就会知道一辆汽车是如何被生产出来的了！

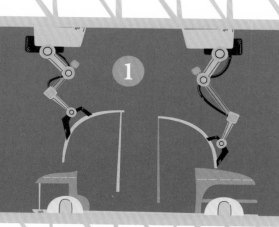

汽车冲压生产线

将金属块加工成所需形状的金属板，经过拉伸、弯曲和冲压，变成车身所需的零部件。

1

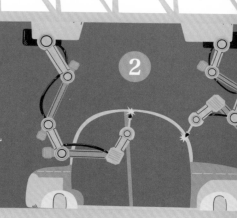

2

汽车焊接生产线

这些零部件由全自动的机械焊接手臂逐一焊接在一起，制成车身。

3

汽车喷漆生产线

焊接好的车身经过清洗和防锈处理后，才能进行喷漆。喷漆后的车身就像穿上了一层保护衣。

4

准备安装车门！

汽车组装生产线

组装生产线上的技工及辅助设备会把发动机、座椅、车门、轮胎以及其他各种汽车零部件安装在车身固定位置，组装成一辆完整的汽车。

5

通过检验，可以出厂！

汽车检验生产线

组装完成的汽车会进入检验生产线，进全方位的测试。之后，全新的汽车就可以出厂了

人会生病，汽车行驶了一定的里程后，也会"生病"。"生病的汽车"就需要进行维护和保养，这样，它的各个零部件才能一直保持良好的性能，使用寿命也会延长。

克克罗 TIME 时间

准备出厂！

中国第一辆国产轿车

1949 年 10 月 1 日,中华人民共和国成立了!

新中国成立后,中国开始大力发展重工业。第一汽车制造厂 1953 年在吉林省长春市动工兴建。

1957 年,中国第一机械工业部向"一汽"下达了研制国产轿车的任务,为了国产轿车的梦想,"一汽"工程师们夜以继日地工作着。

经过几番商讨,他们决定以线条简洁的法国西姆·维迪娣牌轿车为参考车型。

参考车型定下来后,工程师们以奔驰 190 的发动机为模板设计了发动机,变速器和车型外壳都是"一汽"自主设计的。

1958 年 5 月 12 日,极具中国特色的第一辆国产轿车诞生了,该车被命名为东风 A71,车头镶有金龙腾飞的标志,车头两侧有"中国第一汽车制造厂"字样。

东风 CA71 诞生不到一个半月,"一汽"的工程师们仅用了 33 天,又研制出了第一辆红旗牌国产高级轿车的试验样车——CA72-1E。

第一辆红旗试验样车研制成功后,"一汽"又接到中央下达的任务——制造检阅车,用于 1959 年的国庆 10 周年阅兵仪式。于是,他们又开始研制红旗敞篷阅兵车。

终于,在 1959 年中华人民共和国成立 10 周年国庆大典上,6 辆红旗高级轿车和 2 辆红旗敞篷阅兵车齐齐亮相。

飞机来了

人类对天空总是心驰神往，又心怀敬畏。千百年来，人类通过不断地探索，终于发明了飞机，实现了飞天的梦想。你了解飞机吗？你知道飞机为什么可以飞上天吗？接下来，就和克克罗一起去揭开飞机的奥秘吧！

> 在地球大气层内飞行的飞行器都属于航空器。

飞机出现以前，人类为实现飞天梦做了哪些努力？

自古以来，人类就有飞翔的梦想。无数的先行者试图像鸟一样展翅飞翔。

> 哎呀，不好！

> 装上翅膀是不是就可以飞了？

1616 年

克罗地亚发明家福斯特背着自己发明、制作的降落伞，成功从威尼斯的圣马可钟楼跳下来。

> 感觉自己无敌啦！

1678 年

法国锁匠贝尼埃设计了可以像鸟的翅膀一样扇动的机械翅膀。借助这套装置成功地从屋顶飞下。

> 我是小小……

1742 年

法国人巴凯维尔尝试穿着一套像昆虫翅膀一样的滑翔装置飞跃塞纳河，但以失败告终。

> 加油，再飞远一点儿！

1783 年

法国孟格菲兄弟制作了世界上第一个热气球，并成功载人飞行了 25 分钟。

> 终于飞上天了！

1783 年

法国科学家……克·查理等 3 人制作……载人氢气球，飞行时……长达 2 小时 5 分钟。

> 我们的飞行时间更长！

1784 年

法国军官芒斯纳埃成功设计出橄榄球状飞艇，需要 80 个人驱动螺旋桨。

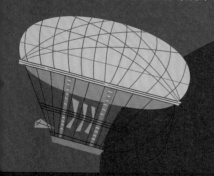

1809 年

瑞士钟表匠雅各布·德根发明了带气球的，并能用双手控制双翼的滑翔机。

> 我可以控制方向！

1852 年

法国人亨利·吉法尔创造了一艘以蒸汽为动力的雪茄状飞艇。

> 有动力的感觉真棒！

1884 年

法国军官路纳德和克里布发明了以电动机为动力的"法兰西"号飞艇。

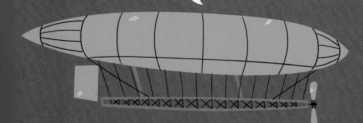

> 这样可以飞得更远！

1891 年

李林塔尔开始研究滑翔飞行，并成功发明了多款滑翔机。到 1896 年，他累计飞行 2000 次以上，被称为德国的滑翔之王。

> 速度越来越快啦！

单翼滑翔机　　双翼滑翔机

究竟是谁发明了飞机？

1903 年，美国莱特兄弟设计出了"飞行者1号"——世界上第一架飞机就这样诞生啦！它的诞生，多亏了莱特兄弟对活塞式发动机的改造。最初，莱特兄弟制造了三架滑翔机，在进行了上千次飞行后，他们决定为滑翔机增加动力，于是就为滑翔机安装了螺旋桨和活塞式发动机。但当时的活塞式发动机是安装在汽车上的，对于飞机来说还是太重了。于是他们就开动脑筋，为发动机"减重"，最终让"飞行者1号"轻盈地飞上了天空！

没错，就是我俩发明的飞机！

弟弟 奥维尔·莱特

哥哥 威尔伯·莱特

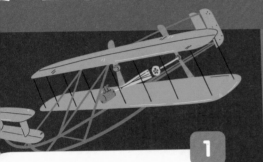

1 飞行者1号
世界上第一架双翼动力飞机，人可以操纵它自由地在天空飞行！

2 飞行者3号
动力更强，且安装了驾驶座椅，创下了140分钟完成125千米闭环飞行的纪录。

3 莱特日型
装有起落架，且起落架两侧各装有一对轮子，是世界上第一架装配刘易斯机枪的战斗机。

4 莱特R型
采用轮式起落架，是一架后来被用于战争的飞机。

克克罗小课堂

飞机为什么能飞？

你知道飞机为什么能飞起来吗？让我们一起来探索飞机飞行的奥秘吧！

1 一张纸，揉成团不可以飞，但如果折成飞机就可以飞，这是为什么呢？

2 这样就可以飞了！
纸飞机的翅膀与空气摩擦可以产生升力，速度越快升力越大。

3 纸飞机被抛出时受到四个力。当这四个力平衡时，纸飞机就可以飞行一段距离，但为什么飞行一会儿就会掉下来呢？

推力

推力　升力　空气阻力

纸飞机自身重力

4 纸飞机在飞行一段时间后，空气阻力变大，重力大于升力，四个力无法平衡，纸飞机就会掉下来。（重力也叫地心引力，是地球吸引其他物体的力；升力是空气把物体向上托的力。）

重力大于升力　空气阻力变大

5 飞机之所以能飞起来，也是这个原理。但为什么它能一直飞，不会像纸飞机一样掉下来呢？那是因为它有一个强大的发动机，可以持续产生推力。

6 飞机起飞时，发动机就像抛纸机的手，为飞机提供动力。飞机向前飞行，机翼与空气发生摩擦，产生升力。飞机起飞时，机头向上微翘，这时升力大于重力，飞机就飞起来了。

7 发动机会提供持续的推力维持四个力的平衡，这样就能使飞机长时间在空中平稳飞行啦！

集合啦！无所不能的钢铁雄鹰战队！

如今，飞机的军事用途更加广泛。一起来看看这些保卫国家的"飞行守护者"吧！

空中加油机

在机尾或机翼下方的吊舱内装配有油箱和加油设备，用于给飞行中的飞机补充燃料。

军用运输机

具有较大的载质量和较强的续航力（指飞机一次装足燃料后能行驶或飞行的最大航程），且可以在昼夜气象复杂的条件下飞行，用于运送军事人员、武器装备和其他军用物资。

侦察机

善于高速飞行，主要用于空中侦察、获取情报。

电子对抗机

装配多频段（无线电波按频率高低分成不同的段）、大功率雷达和通信噪声干扰系统，用于干扰敌方的雷达和通信设备。

空中预警机

装有远程警戒雷达，用于侦察、通信、指挥、控制。

轰炸机

装配多种武器，用于投掷炸弹、核弹、巡航导弹或发射空对地导弹。

攻击机

装配多种对地攻击武器，用于低空、超低空作战，支援地面部队作战，以及搜索地面小型隐蔽目标。

舰载机

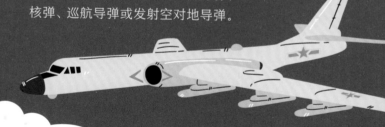

具有良好的起飞性和操控性，可以在航空母舰上起降，用于海战。

军用飞机还有很多，如无人机、巡逻机……你还知道其他的军用飞机吗？快来说一说吧！

除保卫国家外，飞机还能做什么？

飞机可不仅仅用于战争，我们的日常生活中也不能缺少它们的身影。有哪些飞机在为我们服务呢？

民航客机

体形较大，载客量较大，主要用于国内及国际的商业航班。

民用货机

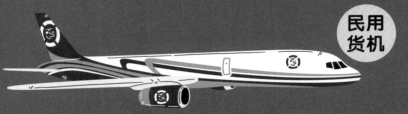

将客舱里的座椅、装饰等服务设施拆卸下来，民航客机就被改装成了民用货机。它有足够的空间装载货物，为我们运送物资。

公务机

小型飞机，可搭乘4~10人，主要用于行政事务和商务活动。

通用航空飞机能为我们做的事情可太多啦：空中巡逻、空中救助、小型专线货运、资源勘测、农林防护、飞行员培训、休闲观光……它是个无所不能的多面手。

通用航空飞机

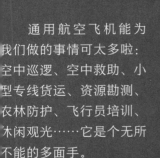

成都大运号是第一架降落在天府国际机场的民航客机。

克克罗 TIME 时间

成都大运号主题涂装飞机，是由一架空中客机A330-343喷绘而成的，拥有301个客座，62.8米长的机身上喷绘的图案除世界大学生运动会元素外，还有3只憨态可掬的大熊猫。这既是一架代表成都形象、具有四川特色的飞机，也是川航"熊猫之路"对外开放交流的一张名片。

克克罗小课堂

飞机的"世界之最"

世界航空史上有很多辉煌篇章，除勇敢智慧的飞行员外，还有很多创造了"世界之最"的钢铁勇士，一起来认识一下吧！

世界上最大的飞机——安-225

目前世界上最大的飞机是乌克兰的安-225运输机。它的机身长84米，货仓载质量达250吨。

世界上最小的载人飞机——"蟋蟀"

目前世界上最小的载人飞机是法国研制的"蟋蟀"。这是一架轻型飞机，翼展4.9米，机身长3.9米，高1.2米，跟一辆小轿车差不多大。

世界上飞得最远的载人飞机——旅行者号

目前世界上飞得最远的载人飞机是旅行者号。它在空中连续飞行了9天3分44秒，完成了长达40407千米的环球飞行。

世界上飞得最高的飞机——X-15

目前世界上飞得最高的飞机是美国研制的X-15。它是以火箭为动力的高空高速研究机，曾飞到约10.8万米的高空。

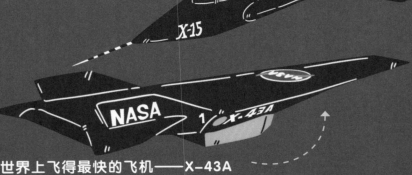

世界上飞得最快的飞机——X-43A

目前世界上飞得最快的飞机是美国研制的X-43A无人驾驶飞机。它在第三次飞行试验中，飞行时速超过11265千米/时。

北京大兴国际机场被誉为"新世界七大奇迹"之一。

2019年9月25日正式投入使用的北京大兴国际机场成功地吸引了全球的目光。

北京大兴国际机场航站楼的建筑面积约70万平方米，相当于北京故宫的占地面积，是世界上规模最大的单体航站楼。

民航客机身上的小秘密

在这么多种飞机里，民航客机与我们的生活息息相关。它看起来气势雄壮，很酷！但你知道它各个部分叫什么、都有什么作用吗？

尾翼

分为垂直尾翼和水平尾翼，可以让飞机在飞行时保持平衡。

机身

由铝、钛、钢组成的复合材料制成，可以减轻飞机的质量，改善飞机的飞行性能。

动力装置

涡轮喷气发动机安装在机翼下方，发动机产生的推力是飞机升空的动力。

机翼

左边和右边的两个形同翅膀的机翼，是为飞行提供升力的主要部件。

气象雷达

可以检测雷暴。

起落装置

飞机前后起落架的轮子都配备了强劲的刹车系统。

飞机最主要的部分就是机身，它不仅连接着机翼、尾翼等部件，还肩负着装载旅客、货物和各种设备的重任。要完成这么重要的任务，它的钢筋铁骨里一定有秘密！

机身结构

现代飞机的机身结构是由纵向元件、横向元件及蒙皮组合而成的，其设计目的是保证飞机在飞行时机身受压稳定性更好。

蒙皮

由轻质耐用的材料制成，维持飞机外形，使之具有良好的空气流动性。

桁条

机身结构的纵向元件，可以承受机身的纵向压力，稳固机身结构。

隔框

机身结构的横向元件，可以承受机身的横向压力，保持机身整体外形。

机身主要功能

机身要在保证安全的前提下设置尽可能大的空间，使它的单位面积利用率更高，以便装载更多人和物资。

机身尽量圆滑，以减小空气阻力。

客舱 机舱

客舱用于运载乘客，一般分为头等舱、商务舱和经济舱。

行李舱

行李舱主要存放乘客的行李。行李会由拖车运送至飞机行李舱中，随飞机一起到达目的地。

隔框就是飞机的骨架。

克克罗 TIME 时间

机身中间的隔框的规格尺寸是完全相同的。这主要是因为加工生产时比较方便，且只要制造厂家在中间添加或减少几个框架，就可以使机身增长或缩短了，极大地提高了工作效率。

飞行员是怎么驾驶民航客机的？

仪表盘上有许多装置：雷达、显示器、控制器……它们为飞行员提供飞行参数、导航数据和飞机系统状态等信息。

自动驾驶仪是飞行员的好帮手，有了它的辅助，飞行员就能集中精力完成其他工作，如在飞行时与地面保持联系。

民航客机一般会配备两个飞行员：一名机长、一名副机长。

风挡玻璃

民航客机的风挡玻璃一般为3层。

操纵杆控制飞机的上升、下降和转向。

通过控制油门，使飞机加速或减速。

在飞行过程中，一般一个人负责驾驶，另一个人负责与空中交通管制员进行无线电联络。

机长座位

机长在飞行期间负责操控、导航和通信。机长对飞机上的事务拥有最高指挥权、最终决定权和治安管理权。

副机长座位

副机长按照机长的口令操作仪器，并随时准备在紧急情况下接替机长的工作。

飞机是怎么动起来的？

飞机这样的庞然大物是怎么动起来的呢？又是谁给飞机的□备和空调设备提供了能源？秘密就藏在它的动力装置里。

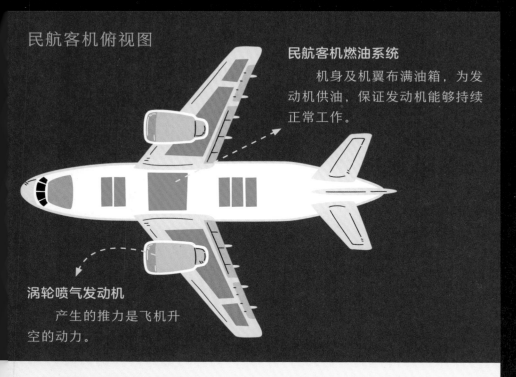

民航客机俯视图

民航客机燃油系统

机身及机翼布满油箱，为发动机供油，保证发动机能够持续正常工作。

涡轮喷气发动机

产生的推力是飞机升空的动力。

涡轮喷气发动机剖面图

进气道　　燃烧室（内含燃料）

风扇

空气

燃气涡轮

压气机

涡轮喷气发动机的工作原理

大多数民航客机都配备涡轮喷气发动机，这种发动机具有质量轻、体积小、功率大的特点，可以大幅度提高推力。民航客机一般有2～4台发动机同时工作。

空气进入发动机经压气机加压后，再进入燃烧室，与燃□合后点火，燃烧产生的高温气体向后喷出，以此产生推力。气体在喷出过程中驱动涡轮转动，涡轮转动会使高温气体加□出，并带动压气机工作，如此不断循环。

飞机为什么能在天上自如地飞行

高空中充满强大的气流，飞机却能通过升降、倾斜、偏航等动作穿梭其中，自如地飞行。它是怎么做到的呢？

机翼是安装在飞机两侧，为飞机提供升力的装置，它可以保证飞机在空中平稳飞行。尾翼是安装在飞机尾部，控制飞机俯仰、倾斜的装置，它可以增强飞机的稳定性。那你知道它们是如何工作的吗？快让克克罗给大家讲解一下吧！

偏转升降舵，我就可以上升和下降了！

机翼上的副翼可以帮我左右倾斜。

来，左转！

飞机是如何实现上升和下降的？

飞机的上升和下降主要依靠位于尾翼末端，可以上下偏转的升降舵。当飞机需要上升时，升降舵向上偏转，气流会对尾翼产生向下的力，将尾翼下压，飞机就会抬头上升。当飞机需要下降的时候，升降舵就进行相反的操作。

飞机是如何实现左右倾斜的？

飞机左右倾斜主要依靠位于机翼外侧，可以上下摆动的副翼。当飞机想要向右倾斜时，左侧的副翼会向下偏转，升力增大；右侧的副翼会向上偏转，升力减小，这样飞机就会向右侧倾斜。当飞机想要向左倾斜时，副翼的偏转与向右倾斜的操作相反。

飞机是如何实现偏航的？

飞机的偏航主要依靠位于尾翼中间，可□左右偏转的方向舵。当飞机需要向左偏航时，方向舵会向左偏转，气流会对尾翼产生向右□力，使得机头向左偏转。当飞机需要向右偏航时，方向舵则向右偏转

1902 年，查尔斯·林德伯格出生了，谁也没想到这个孩子日后会成为震惊世界的大人物。

太好了！

先生，是个男孩！

林德伯格小时候和其他同龄孩子一样淘气，经常玩一些冒险游戏。

嘿！

我比你厉害！

1919 年，一位叫奥泰格的商人出资 2.5 万美元，奖励第一位可以从美国纽约一直飞到法国巴黎的飞行员。

谁能做到，这钱就归他了！

哇！

$25000

此后的 8 年里，先后有 3 位飞行员都尝试夺取奥泰格的奖金，但他们都失败了。

又一个飞行员失败了！

1920 年，18 岁的林德伯格加入了美国陆军航空兵团，成了美国空军的一员，同时也开启了自己的飞行之路。

我终于成了飞行员！

1927 年春天，林德伯格决定尝试夺取奥泰格的奖金。

我要把飞机降落在巴黎！

林德伯格知道，想要完成挑战，就需要一架续航能力强的飞机。于是他说服了圣路易斯州的 9 位商人出资，订制了一架质量较轻、燃油效率更高的飞机。

我们一定会成功的！

我们相信你！

1927 年 5 月 20 日，林德伯格终于驾驶着圣路易斯精神号飞机从纽约长岛的罗斯福机场起飞了。

加油！

林德伯格凭借充分的准备、高超的驾驶技术和丰富的飞行经验，独自在空中飞行。

1927 年 5 月 21 日晚上，林德伯格驾驶的飞机在巴黎成功着陆。全程飞行了 33 小时 33 分钟，航程 5810 千米。

真棒！

哇！

之后，奥泰格也兑现了他的承诺，奖励林德伯格 2.5 万美元。

孩子，你真是好样的！

谢谢先生！

$25000

林德伯格创造了人类历史上第一次不着陆飞越大西洋的飞行纪录，推动了航空事业的发展。

我最棒！

乘坐飞机时，如果遇到危险怎么办？

乘坐民航客机出行是非常安全的,因为民航客机上配备了十分完备的安全设施:安全带、氧气面罩、救生衣、救生筏等，能够随时应对各种突发状况。你知道这些安全设施都放在什么地方？怎么用吗？

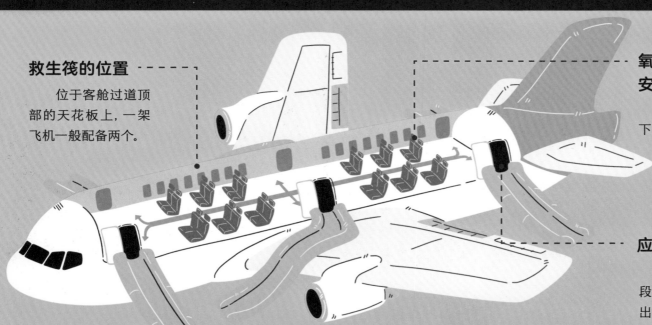

救生筏的位置

位于客舱过道顶部的天花板上，一架飞机一般配备两个。

氧气面罩、救生衣、安全带的位置

分别位于客舱座椅上方、下方及座椅上。

应急出口的位置

分别位于民航客机机身的前段、中段和后段，有醒目标识，而且每个应急出口处都有应急滑梯和应急绳索。

民航客机遇险逃生技巧

我们在乘坐飞机的时候,万一遇到迫降,千万不要慌,要听从乘务员的指挥,按照引导标识有序撤离。

航空安全带很重要!

航空安全带

可不要小瞧飞机上这一条小小的带子，在飞行颠簸和起飞降落时，安全带都发挥着保护我们人身安全的作用。

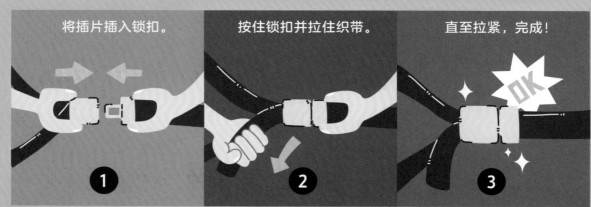

将插片插入锁扣。 按住锁扣并拉住织带。 直至拉紧，完成！

① ② ③

氧气面罩

氧气面罩是为乘客提供氧气的应急救生设备。每个乘客的座位上方都有一个氧气面罩储存箱，当机舱内气压降低到海拔高度4000米气压值时，氧气面罩便自动脱落，乘客只要拉下戴好即可。

正确使用很重要

氧气面罩脱落后，用力向下拉面罩。

①

将面罩罩在口鼻处，进行正常呼吸。

②

拉紧面罩上的系紧绳，保证面罩完全贴合面部。

③

救生衣在座椅下方！

救生衣

救生衣是飞机在水面迫降后，供单人使用的水上救生器材。救生衣放在每位乘客的座椅下方，救生衣上标有使用说明。当然，起飞前乘务员也会为乘客普及使用方法。

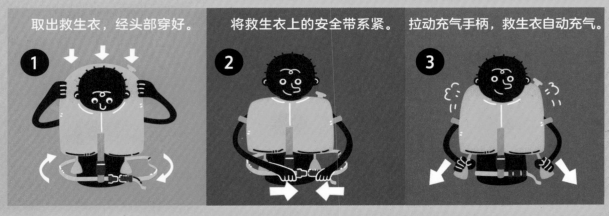

取出救生衣，经头部穿好。 | 将救生衣上的安全带系紧。 | 拉动充气手柄，救生衣自动充气。

1 | **2** | **3**

应急滑梯

应急出口和机舱门处配备应急滑梯，当民航客机遇到紧急情况时，在乘务员打开舱门的同时，滑梯会自动弹出舱门，并在几秒内完成充气，方便乘客和机组人员迅速撤离。

救生艇

救生艇是当飞机迫降在水面时，供乘客和机组人员应急脱离飞机时使用的充气艇。救生艇储存在机舱顶部的天花板内，需要时可立即取出并充气使用。

救命！

克克罗 TIME 时间

民航客机上是不配备降落伞的，这主要是因为跳伞具有很高的专业技术要求，普通人无法在短时间内掌握跳伞技巧。一般民航客机的载客量为二三百人，让这么多惊慌失措的乘客在飞机失控的情况下排着队跳伞，危险性可能更高！

船舶来了

船舶是人类发展史上最伟大的发明之一。人类使用船舶作为水上交通工具的历史几乎和人类文明史一样悠久。一开始，人们只能乘坐轻巧的独木舟航行，如今，我们已经拥有了威武的航空母舰。船舶在规模和建造技术上的变化简直是翻天覆地，关于它的故事，三天三夜也说不完！和克克罗一起走进船舶的世界吧！

船舶的前世今生 >>>

人类最初使用舟筏作为运输、捕猎的工具，之后，舟筏逐渐演变成装有橹和桨的船，后来又发展成现在的新型船舶。

石器时代，人类以独木舟作为运输、捕猎的工具。

同时，人类也会使用充气的动物皮囊渡河或捕猎。

随着人类对船舶的使用率越来越高，独木舟和皮筏逐渐演变成装有橹和桨的木板船。

15 世纪到 19 世纪中叶是帆船发展的鼎盛时期，比较著名的是地中海古帆船。

15 世纪到 17 世纪，欧洲进入地理大发现时期，著名的北欧和西欧帆船开始在海洋上称霸。

与此同时，欧洲出现了大量航海探险家，他们驾驶着帆船进行远洋探险。

中国最著名的航海家当属驾驶帆船 7 次下西洋的郑和。

18 世纪，蒸汽机（利用水蒸气产生动力的发动机）发明后，许多人都试图将蒸汽机用在船上，但早期的蒸汽机船仍装有整套帆，在顺风的时候会借助帆来航行。

直到 19 世纪后期，蒸汽机才成为船舶的主要动力。

船舶发展到了近代，逐渐走向大型化和高速化，涉及的领域也逐渐增加。

比如，民用船舶中专门用来捕鱼的渔船。 也有专门运输原油的油轮。

当然，专门用于作战的军舰也越来越多，如大型驱逐舰、航行速度极快巡洋舰。 同时，潜艇因为隐蔽性好、作战能力强，也成为海上作战的主要武装力量。

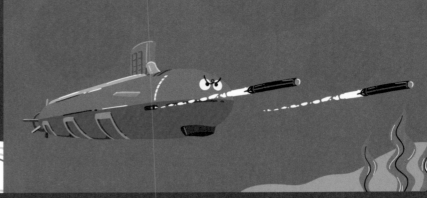

随着科技的进步和船舶制造业的发展，船舶不再局限于传统的外形，来越多的新式船舶出现，比如两栖气垫船。 还有用两艘相同而并列的瘦长船体连接而成的双体船。

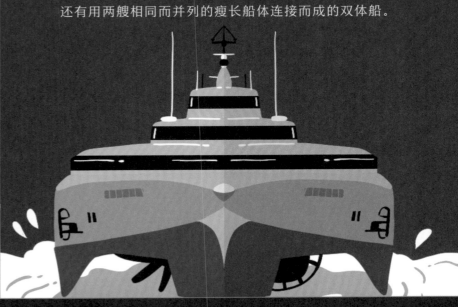

装配水翼，可以在水面上高速航行的水翼船。

各种各样的军用舰船

现代社会，军用舰船是保卫国家安全的忠实卫士，具体是指装备导弹、火炮、鱼雷、水雷等武器，具有作战能力的特种船舶。常见的军用舰船有航空母舰、战列舰、巡洋舰等。在军事博物馆里，你可以见到它们。

巡洋舰

巡洋舰是能在远洋作战，具有多种作战能力的大型水面战斗舰艇，主要用来掩护航空母舰编队或其他舰船编队。

战列舰

战列舰是指装备大口径火炮和重型装甲防护的大型水面战斗舰艇，主要执行远洋作战等任务，曾是各海权国家的主要舰种之一。

航空母舰

航空母舰是以舰载机为主要武器，并作为其海上活动基地的大型水面战斗舰艇。它的攻击力大，适航性强，是海上舰艇编队的主要突击力量。

驱逐舰

驱逐舰是以导弹、鱼雷、舰炮为主要武器，具有多种作战能力的中型水面战斗舰艇。

护卫舰

护卫舰是以中、小口径舰炮为主要武器的小型水面战斗舰艇，主要在近岸海区执行巡逻、警戒、护航、护渔等任务。

当然，除水面舰艇、军用舰船外，还包括许多水下潜艇，以及水陆两栖新式舰船。这些舰船是一个国家科技实力的证明。

步兵登陆艇

步兵登陆艇是一种小型的水陆两栖舰艇（用于登陆作战的舰艇），它可以直接将士兵或补给物资从近海区域运送到岸上。

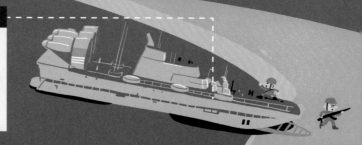

常规潜艇

常规潜艇是以柴油机提供动力，可以在水下航行的舰艇。由于柴油机工作时需要大量氧气，因此常规潜艇偶尔会浮出水面，利用柴油机给电池充电。

核潜艇

核潜艇是以核能作为动力，可以在水下长时间航行的舰艇。全世界公开宣称拥有核潜艇的国家只有 6 个，分别为中国、美国、英国、法国、俄罗斯和印度。

无人潜艇

无人潜艇实际上就是可以在深海中进行勘测、搜救、科学考察的机器人，它们不惧怕恶劣的水文环境，能够长时间在水下执行任务，而且非常智能，在未来一定会发挥巨大的作用。

坦克登陆艇

坦克登陆艇是可以将坦克、车辆、货物和火炮等重型装备运送到岸上的舰艇，和步兵登陆艇比起来，它的体积更大、运载能力更强。

力能各异的民用船舶

常见的民用船舶种类非常丰富，且具有许多功能，如渔船、快艇、游轮等。它们各怀绝技，有的力气大，有的速度快，和军用舰船相比一点儿也不逊色。

消防船

消防船是一种可以对船舶或港口进行消防灭火的专用船舶。消防船上装配了强力消防泵、水炮等消防设备，航速较快，可以快速扑灭火灾。

拖网渔船

帆船

帆船是依靠作用在帆上的风力推进的船，在中国有几千年的历史，广泛应用于渔业、交通等方面。

拖网渔船是用拖网从事捕捞作业的专用船舶，分为单拖网渔船和双拖网渔船。有些可以进行远洋作业的大型船舶还可以进行冻鱼片、鱼粉加工。

游轮是指专门搭载游客进行海上观光的大型综合船舶，它相当于一座移动的豪华酒店，可以让游客体验多种娱乐项目。

游轮

马达快艇

马达快艇是指在船尾装有多个马达的快艇，它的速度极快，游客可以乘坐它进行海上冲浪。

浮船坞

浮船坞是用来建造或检修船舶的造船设备。船进坞时，先在浮船坞水舱里灌水，使坞下沉，然后拖入待修船舶，排去水舱里的水，坞就浮了起来，使船搁在坞墩上，以便修理。

集装箱船

集装箱船又称货柜船，是一种用于装载和运输国际标准集装箱的船舶。它的装卸效率极高，大大缩短了停港装卸货物的时间。

一定要注意安全啊！

放心，我们的船体是双层的！

小心！

油轮

油轮是指专门运输散装石油或成品油的液货运输船舶。油轮的外壳一般为双层钢质，如果外层遭到破坏，内层还可以保护油箱，有效防止原油泄漏。

汽车渡船

汽车渡船是指专门用于运输汽车的船舶，汽车渡船的两端均可以停泊在码头上，方便汽车上下船。

轮渡是贯穿城市的江河两岸和跨越湖泊、海峡公路线渡口的运输设施，常用于运载行人和交通运输车辆。

真是方便呀！

看，我们的车也上船了！

环保船

环保船是指以新能源为动力，对海洋不会造成太多污染的新型船舶。它符合船舶业发展的趋势。

轮渡

载人潜水器是指可以搭载潜水人员，用以执行深海打捞、勘测等任务的潜水装置。

救生船

载人潜水器

救生船是指其他船舶发生灾难时对乘客进行救援和疏散的船舶，上面有大量的医疗设备。

气垫船是利用强力压气机或风扇将高压空气从船底喷出，在船底与水面间形成空气垫，利用空气的支撑力使船体全部或部分升离水面的船舶。

气垫船

船舶的"能量"从哪里来？

这么大的船舶是怎样动起来的呢？我们知道，龙舟依靠人力划动，帆船依靠的是风力。可是，再大一点儿的燃油船舶和电力船舶呢？它们靠什么驱动？

龙舟

加油！

同心协力，勇争第一！

柴油机船

柴油机船是目前最常见的船舶，它以柴油机为动力装置，同时在船尾配备了螺旋桨。

龙舟是人力船舶，主要依靠人划动船桨使船获得前进的动力。赛龙舟是端午节的习俗。

帆船

好大的风！

快艇

快艇是电力船舶，主要依靠尾部的电动马达（将电能转化为机械能的装置，又称电动机）获得动力。快艇一般会配备4~6个电动马达，速度极快。

帆船是风力船舶，主要借助风力航行。帆船是比较古老的水上运输工具。不过，它并没有退出历史舞台，还逐渐演变成了一项颇具观赏性的国际性比赛项目。

海上霸主——航空母舰

航空母舰是目前世界上体积最大、威力最强的战舰。它以舰载机为作战武器，船身上装备了大量的重型火炮和导弹。

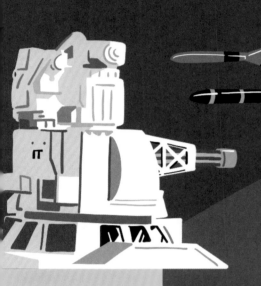

舰桥岛式建筑位于飞行甲板右侧，前后各有一舰载升降机。

舰载对海搜索雷达
用于对海超视距探测，可以为舰载导弹提供目标指示。

理想着舰位置
舰载战斗机最佳着舰位置。

对空警戒雷达
用于搜索、监视规定区域内的目标，并测定其位置。

主动相控阵雷达
可以主动扫描、接收电磁波的雷达阵列。

舰载升降机
用于提升存于甲板下方飞机库内的舰载机。

00 反舰导弹发射装置
用于发射远程超声速、掠的多用途 P-700 反舰导一般隐藏在甲板下方。

一定要小心啊！

看我指挥！

都做好准备！

拦截索
用于钩住舰载战斗机上的捕捉钩，帮助舰载战斗机安全降落。

全！

起航！

光学助降系统
通过光学系统发出用于瞄准的光信号，便于飞行员根据光信号修正舰载战斗机的下滑角度，直至安全着舰。

直升机起降点
用于直升机起飞和降落。

甲板
载机可以在飞行滑行起飞。

导流板
用于阻挡舰载机起飞时喷射出的高温、高速燃气流。

声呐导流罩
装在声呐器外部，用于减少声呐器周围的噪声。

航空母舰可携载 30 ～ 90 架舰载机。

海上度假天堂——游轮

　　乘坐游轮去旅游是一种非常舒服的体验。游轮里配备了大量的娱乐设施，游客不仅可以在室外游泳池游泳，在甲板上散步或是享受日光浴，而且可以在游轮上品尝美食和购物。接下来，就以亚洲最大的游轮之一——"海洋水手"号为例，了解一下吧！

运动甲板
　　上面有各种室外运动设施，如足球场、攀岩区等。

室外娱乐区
　　包括露天酒吧、电影院等娱乐区域。

室外冲浪池
　　拥有一个12米长的冲浪模拟器，可以模拟真实的冲浪环境。

带阳台的豪华船舱
　　一般位于12～15层，每个房间都有独立的阳台，可以供游客休息或欣赏风景。

室外游泳池
　　位于游轮顶层的室外游泳池，方便游客一边游泳、一边欣赏风景。

观景甲板
　　有开阔的观景平台，游客在此可以尽情地欣赏风景、享受日光浴。

艏部
　　游轮的前端。

艉部
　　游轮的尾部。

员工住宿舱
　　位于游轮甲板的下方，主要供船员住宿使用，不对外开放。

休闲娱乐区
　　包括各种餐厅、购物店以及表演厅。

经济船舱
　　一般位于6～12层，分为内舱房（没有窗户）和海景房（有窗户，但是无法打开）。

机房
　　位于游轮甲板下方，内含游轮动力装置、制冷装置等，不对外开放。

救生艇
　　游轮发生意外时，用来紧急疏散游客的小型船舶。

克克罗 TIME 时间

　　目前，大部分游轮的娱乐设施都很完善。这些娱乐设施对游客的年龄和身高有一定的限制，比如冲浪等一些带有一定危险性的娱乐项目是不对幼儿开放的。

正式下水日期：2003年11月　　船员数量：1181人
标准排水量：138279吨　　载客量：4000人
船长：311米　　最高航速：22节（约40.7千米/时，相舱房数量：1557间　　于专业运动员短距离奔跑的速度）

船舶为什么能轻松地浮在水面上？

为什么钢铁铸造的大型船舶可以这么容易就浮在水面上？如果你想不明白这个问题，就来跟我一起做个实验吧！

实心铁块

用相同质量的铁造的小船

1

首先，选取一块实心的铁块，再用同样质量的铁块造一艘船。试想下，如果将二者同时放入水中，会发生什么呢？

2

铁块会沉入水底，而铁船却安稳地浮在水面。由此我们可以得出一个结论：物体在水中所受的浮力与物体自身的质量无关。

和质量无关，那和什么有关系呢？

看吧，我能浮起来！

我竟然沉底了！

3

为了更好地研究这种现象，我们需要将铁块和铁船分别放入水中。这时，我们会发现，铁块排出的水量少于铁船排出的水量。也就是说，物体在水中所受的浮力与它排出的水的多少有关。

4

如果给铁船增加些重量，铁船会沉吗？

如果我们在铁船上放置些重物，铁船也不会沉底。这是因为，铁船在增加质量的同时，排出的水会增多，所受的浮力随之也增大了。

这个结论可是2000多年前的古希腊学者阿基米德总结出来的！

5

通过以上实验，我们可以轻松地得出一个结论：浸在液体中的物体受到向上的浮力，浮力的大小等于它排开的液体所受的重力。

古希腊学者阿基米德在别人看来是个怪人，因为他做起研究来总是很忘我，简直太疯狂！

一天，国王命工匠打造一顶纯金王冠，并给了工匠很多黄金。

过了几天，工匠将打造好的王冠献给了国王。这顶王冠看起来金光闪闪，国王很开心。

工匠为了证明王冠是用纯金打造的，就将这顶王冠和国王之前用等量黄金打造的王冠一起放到了天平上，天平是平衡的。

这时，有一个人站出来说工匠作假，私吞了部分黄金，然后将相同质量的银掺到了王冠里。

国王无法确认工匠是否作假，于是他叫来了聪明的阿基米德，将这个任务交给了他。

这可难住了阿基米德，他一直在家冥思苦想，茶饭不思，身上脏得都有臭味儿了。

终于，他的妻子受不了了，要求阿基米德赶紧去洗澡。

阿基米德若有所思地进入了浴盆，当他坐下去的时候，浴盆中的水溢了出来。

阿基米德看了看溢出来的洗澡水，立即从浴盆中跳了起来，激动得没穿衣服就跑到了大街上。

随后，穿戴整齐后的阿基米德急匆匆地跑了王宫，禀告国王。

阿基米德叫人准备了满满两盆水和一块与王冠质量相同的金块，准备做实验。

阿基米德为人家揭晓了答案。

大家惊讶地发现，王冠和金块溢出来的水一样多。

在装满水的浴盆里洗澡时，身体漫入水的部分越多，溢出来的水就越多。这些溢出的水，就代表了身体入水部分的体积。

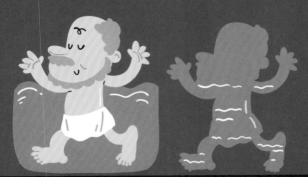

测量王冠的原理也一样。如果王冠是用纯金打造的，那么它放入水中，溢出来的水应该和块放入水中溢出来的水一样多。但现在二者不一样多，由此可以推断，王冠不是纯金的。

克克罗 TIME 时间

据说在很多年以后，一个老妇人请阿基米德鉴定她的金球。阿基米德用同样的方法鉴定后，判断老妇人的金球不是纯金的。老妇人一怒之下，就将金球剖开了，阿基米德惊讶地发现，金球是空心的！他这才想到，当年自己鉴定王冠的时候并没考虑到王冠上很多装饰都是空心的，所以他开始反思自己的理论。但不管怎么说，原理都是一样的！

火箭来了

　　星星可比我们看到的大多了，有些比地球还要大呢！对了，太阳也是星星。由炽热的气体组成、能自己发光的天体叫作恒星。而我们生活的地球不会发光，属于行星。

　　太空里的奥秘就像星星一样，多得数也数不清，想探寻这些奥秘，就要用火箭才行。火箭是能把人造卫星、宇宙飞船等送入太空的运载工具。在人类对太空的探索中，火箭起着至关重要的作用。一起了解一些关于火箭的知识吧！

火箭是从哪儿来的？　>>

要想探索太空，火箭是必不可少的运载工具哦！

　　宋朝时，烟花爆竹就十分流行，夜晚常能看到漂亮的烟花在空中绽放。不过也有人觉得这些火药制品十分危险。

> 感觉有点儿危险呢！

　　那时候战争频发，有人对这种看起来有些危险的火药制品产生了兴趣。要是能把火药变成武器用在战场上就好了。

> 打仗能用上就好了！

　　经试验，军官岳义方和冯继升想到一个好主意，他们把满火药的竹筒绑在箭上，这种威力强大的武器就是火箭的雏形。

> 这个武器不错！

> 那当然！

　　随着这种武器在战争中的推广和改进，火药迅速发展起来，这也为火箭的诞生打下了基础。

　　到了元朝，用火药制成的武器通过战争传播到了世界各地，中国的火箭技术让全世界都感到惊讶。

> 我要把这个发明带回家！

> 这个绝对可以改变世界！

> 好神奇呀！

　　1926 年，美国发明家特·戈达德将液体燃料放在里作为推动力，发明了液体火为了纪念他，月球上的一座山就是以他的名字命名的。

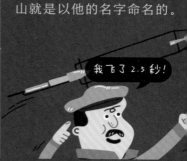

> 我飞了 2.5 秒！

　　1942 年，德国的 V2 火箭试验成功，它是一种弹道导弹，在战场上给对手带来了沉重的打击。同时，V2 火箭也为日后研究能飞入太空的航天运载火箭打下了基础。

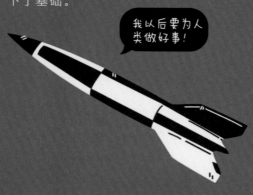

> 我以后要为人类做好事！

　　随着火箭技术的成熟，越来越多的国家意识到了火箭的重要性。1957—1959 年间，美国、苏联各自的运载火箭，都想领先对手发展航天科技。

> 我是东方号！

> 苏联　美国

> 我是大力神号！

　　1965 年，苏联又发射了质子号运载火箭。

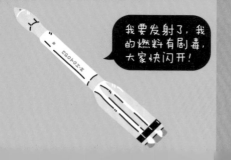

> 我要发射了，我的燃料有剧毒，大家快闪开！

　　1970 年，中国长征一号运载火箭发射成功，从此中国也进入太空的能力啦！

> 我是国之骄傲！

越来越近的太空梦

当我们仰望星空的时候，好像伸手就能摘到星星。其实星星与我们的距离超乎我们的想象，到底怎样才能进入太空，近距离观察星星呢？

汽车、轮船、飞机，还是……

克克罗一直有一个太空梦，他幻想自己有一天能够穿着航天服，在一颗颗星球之间快乐地穿梭。可是想要进入太空并不容易，虽然太空就在距海平面高度 100 千米之外的地方，但地球引力让我们没有办法轻松到达。（引力是存在于任意两个物体之间相互吸引的力。）

克克罗多希望可以有一种交通工具，载着自己进入神秘的太空啊！

1

汽车主要在陆地上行驶，以汽车的行驶速度是没办法挣脱地球引力的，太空是去不了了，还是另想办法吧！

在陆地上的速度还是可以的！

2

地球表面大部分被海洋覆盖，船舶可以在海上航行。不过它们的速度比汽车要慢，远远无法达到进入太空所需要的速度。离开海洋，有些船只甚至无法行驶，就更别说进入太空了，还是开着船去钓鱼吧！

来一次环球旅行吧！

3

飞机的飞行速度能达到 900 千米／时，是不是觉得已经很快了？可它还是不能带着克克罗去太空，因为太空里面没有空气，飞机的发动机就会失灵，贸然进入太空可是很危险的！

飞机就比较复杂了！

来吧，我可以带你进入太空！

火箭太棒啦！

火箭出现啦！

火箭就不同啦！火箭可以满足一切进入太空的条件，足够的速度和独特的动力系统，可以轻松地将人造卫星、动物，甚至人类送入太空。随着航天技术的成熟，火箭已经可以把人类送到月球上了。看来克克罗的太空梦就快实现啦！

火箭上的"神器"大揭秘

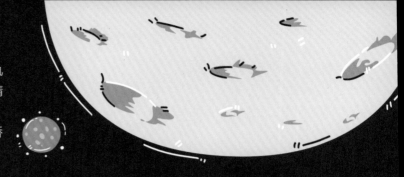

火箭需要强大的气流为其提供源源不断的力量才能冲进太空，完成把航天器送入轨道的任务。为了安全而顺利地完成这项伟大的使命，设计师对火箭的外部结构进行了精妙的设计。

长征 2 号 F 型运载火箭曾把中国第一艘实验飞船神舟 1 号送进太空，它是中国的骄傲。现在，就以它为例，揭秘运载火箭精密的外部构造吧！

整流罩

整流罩具有像鸟儿身体一样的流线型外观，可以更好地减小空气阻力，减轻载荷影响。航天器就放在整流罩里，有了它的保护，航天器就不会受损。

一级火箭

一级火箭装有单独的发动机和燃料，在助推器脱离火箭之后，就由它继续推动火箭上升。

助推器

助推器里有大量的燃料，它通常在火箭的最底部，会把火箭送到指定的高度，然后它的使命就完成了，这个时候助推器就会脱离火箭。

逃逸塔

逃逸塔，又叫逃生塔。箭发射时，如有意外发生，确保航天员瞬间逃生并安回；如无意外发生，火箭发120 秒后它会准确脱离箭体。

二级火箭

就像接力比赛一样，一级火箭在工作结束后脱离火箭，紧接着二级火箭开始工作。

克克罗 TIME 时间

火箭的外部结构由很多部分组成。它们在火箭升空的过程中不断地为火箭提供向上的动力。虽然这些机械设备没有生命，却演绎了动人的无私奉献精神。

火箭都在太空干什么？

火箭虽然奔向遥远的太空，却与我们的生活联系紧密。你知道火箭都□哪几类，能为我们做什么吗？

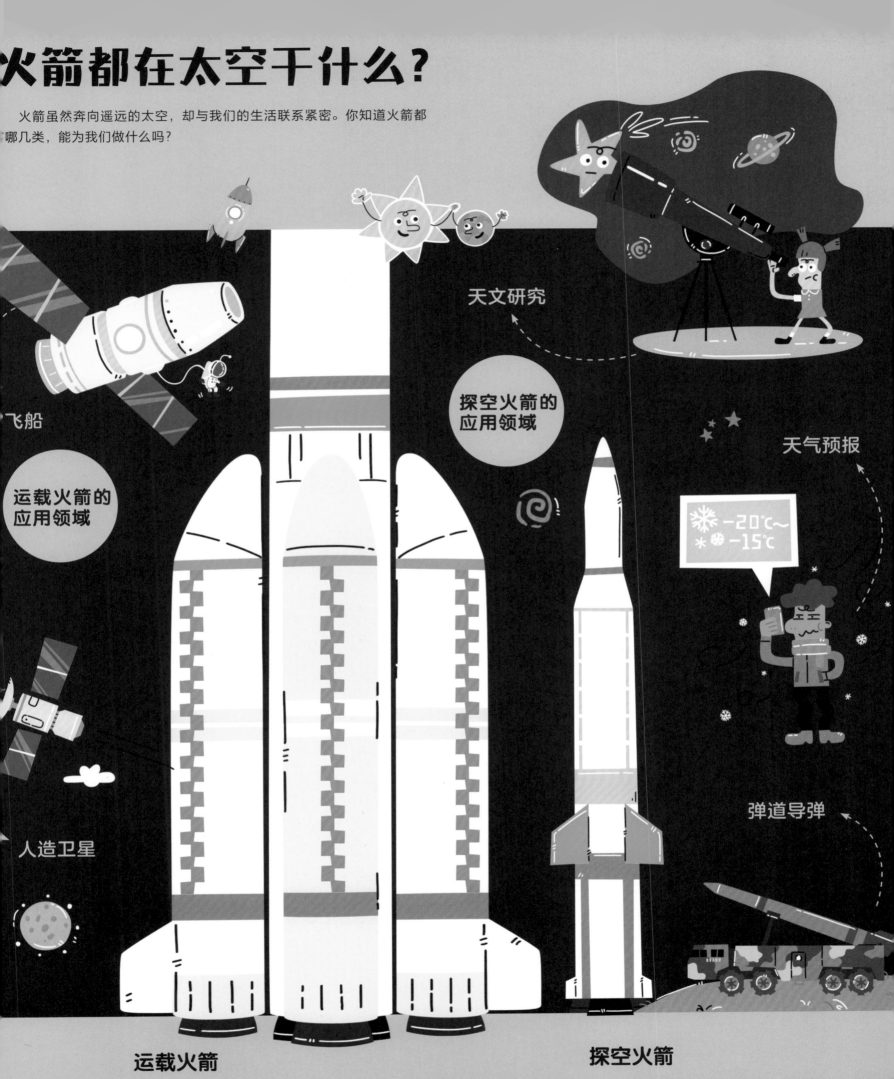

飞船

天文研究

探空火箭的
应用领域

运载火箭的
应用领域

天气预报

-20℃~
-15℃

人造卫星

弹道导弹

运载火箭

运载火箭是人类发展航天技术的重要帮手，它的作用就是把航天员和各种航天器送入太空，再把完成太空工作的航天员接回地球。

探空火箭

探空火箭以科学研究为目的，它会把探测仪器送入指定的太空轨道。这些探测仪器被送进指定轨道后，就会收集各种数据，为导弹、人造卫星、运载火箭的升空提供必要的参数支持。天气预报参考的数据就是由探测仪器从太空采集来的哦！

火箭上的"乘客"

除航天员外，各种各样的航天器也是火箭上常见的"乘客"，它们都是谁？去太空干什么？选几位代表，来介绍一下吧。

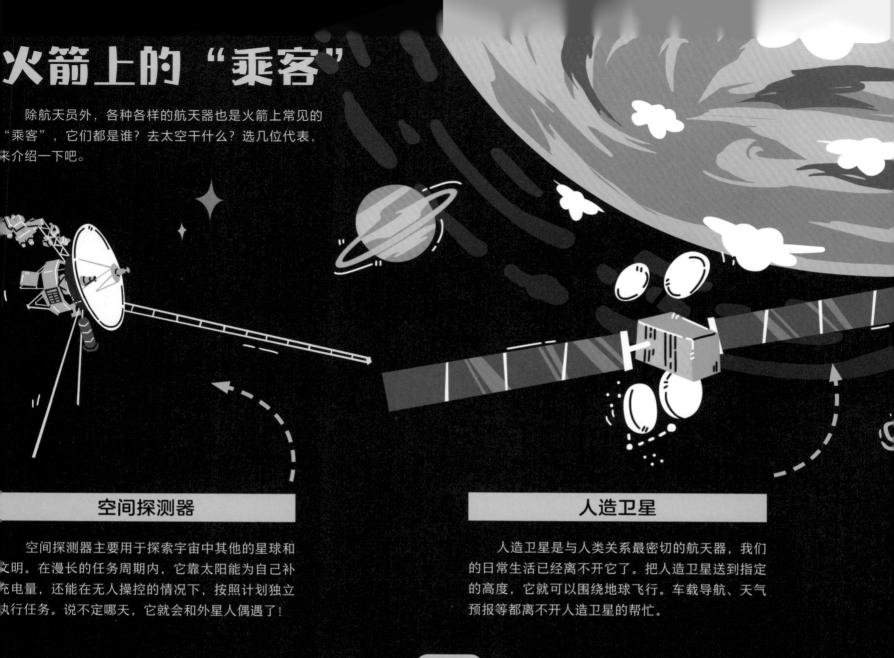

空间探测器

空间探测器主要用于探索宇宙中其他的星球和文明。在漫长的任务周期内，它靠太阳能为自己补充电量，还能在无人操控的情况下，按照计划独立执行任务。说不定哪天，它就会和外星人偶遇了！

人造卫星

人造卫星是与人类关系最密切的航天器，我们的日常生活已经离不开它了。把人造卫星送到指定的高度，它就可以围绕地球飞行。车载导航、天气预报等都离不开人造卫星的帮忙。

航天飞机

航天飞机的外形很像我们常见的飞机，也有机身和机翼。它是可以飞回地球、重复使用的航天器，在太空中能完成很多工作：空间运输，运送卫星入轨，在轨道上修理或收回卫星等。

太空真美！

宇宙飞船

宇宙飞船可以把航天员送入太空，再载着航天员顺利返回地球。1961 年，苏联的东方 1 号宇宙飞船第一次把人类送进了太空，开启了人类探索宇宙

"乘客"里的 VIP——宇宙飞船

在众多的火箭"乘客"里，宇宙飞船堪称 VIP。作为主要的载人航天器成员，它由轨道舱、返回舱、推进舱和太阳能帆板构成。和克克罗近距离参观一下吧！

轨道舱

轨道舱里有航天员的生活用品和电子设备，但是要在宇宙飞船飞行平稳后航天员才能进去。

返回舱

和汽车的驾驶室一样，返回舱就是宇宙飞船的驾驶室。

推进舱

推进舱里有发动机和燃料，有了推进舱，宇宙飞船才能在太空中飞行。

太阳能帆板

太阳能帆板可以将太阳能转化为电能，为宇宙飞船提供能源。

返回舱返回地球的过程

宇宙飞船搭乘运载火箭进入太空，航天员完成任务后就会搭乘返回舱返回地球。轨道舱则会继续留在轨道上工作一段时间。

1 返回舱与推进舱分开，推进舱的使命在这时就已经完成了。

2 返回舱进入大气层，准备回家啦！

3 这个时候打开降落伞，降低返回舱下落的速度。

4 返回舱底部的反推装置启动，再次让下落速度放缓。

5 返回舱终于安全地回到了地球上。

火箭是怎么发射的？

火箭在万众瞩目下腾空而起，这是多么激动人心的场面啊！你知道吗？火箭的发射工作非常复杂，需要很多人倾注大量的精力，工作上不能有一点儿失误。直到观测到火箭成功地将航天员或航天器送入太空，大家才能放下悬着的心，迎来胜利欢呼的那一刻。

中国有五大卫星发射基地，分别为太原卫星发射中心、西昌卫星发射中心、酒泉卫星发射中心、中国东方航天港和海南文昌卫星发射中心。

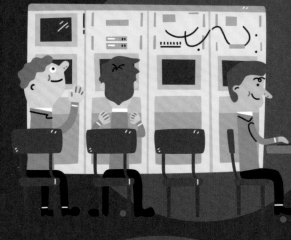

1 发射场上的气球可不是用来做游戏的，那是高空探测气球，用来收集天气数据。

2 火箭发射前，需要很多工作人员运用专业技术调试设备，虽然技术人员无法进入太空，但他们的工作一样艰巨而伟大。

这里装的是氢气或氦气。

3 火箭升上太空后还需要通过仪器来进行跟踪，所以跟踪设备的调试也很重要。

我来看看你到哪里了。

燃料检查完毕！

4 火箭的燃料是让火箭升入太空最重要的物质，所以检查燃料加注时一定要十分仔细。

5 天气也会影响火箭的发射，所以在火箭发射前一定要收集准确的天气数据。

6 检查发射塔是火箭升空前的最后工作，认真检查后，火箭就会带着我们的希望飞入太空啦！

天气不错，适合升空。

准备工作结束，火箭的太空之旅终于要启程啦！这枚火箭上的"乘客"是一艘宇宙飞船，来看看火箭到底是怎么把它送入太空的吧！

6 船箭分离

火箭的主要作用是把宇宙飞船送入太空，当到达太空后，火箭就要和宇宙飞船说再见了！

一、二级分离　159 秒

当一级火箭的燃料用完后，它的使命也完成了，所以它也会离开。这时二级火箭开始工作。

5 整流罩分离　200 秒

当火箭穿过大气层后，整流罩分离，整流罩里面的宇宙飞船会继续飞行。

助推器分离　140 秒

助推器把火箭送到指定的高度后，也完成了任务，可以与火箭分离，以减轻火箭的负担。

7 发射成功

太阳能是宇宙飞船最好的能量来源。宇宙飞船到达太空中的轨道后，两侧的太阳能帆板可以将太阳能转化为电能，这时宇宙飞船就可以开始工作了。

抛弃逃逸塔　120 秒

火箭已经运行一段时间了，发射过程一切正常，航天员无须回到地面。在发射危险时负责搭载航天员返回地面的逃逸塔失去作用，可以与火箭分离了。

火箭起飞　000 秒

火箭起飞前经过了一系列精密的检查，最后确认一切无误后开始升空。

不愧是"金牌火箭"！

克克罗 TIME 时间

自 2000 年 10 月 31 日中国发射第一颗北斗导航试验卫星起，截至 2020 年 6 月 23 日，长征 3 号甲系列运载火箭共完成了 44 次发射任务，将 4 颗北斗导航试验卫星、55 颗北斗导航卫星成功护送升空，发射成功率 100%。因此，长征 3 号甲系列运载火箭也被称为北斗导航工程的"专属列车"。

火箭在大气层中的奇妙旅行

宇宙飞船搭乘着火箭实现了太空之旅。旅行是圆满的，但旅途中精彩纷呈的景象也不容错过！来见识一下地球的大气层吧，它简直像一块千层大蛋糕！

运载火箭也会在外逸层工作。

卡门线（外太空与地球大气层的分界线）与地面相距100千米，这条线外就是外太空了。

外逸层

外逸层是地球外端的气层，人造卫星一般会在这一层绕着地球运动。

热层

卡门线

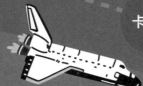

航天飞机的飞行高度远比普通的飞机高得多，可以穿过大气层。

中间层

极光多出现在南极和北极地区，是一种十分美丽震撼的自然现象。

陨石要穿过大气层才能到达地球，但是在这个过程中陨石会和大气摩擦并燃烧，大部分陨石在落到地面之前就已经烧光了。

直升机的飞行高度有限，只能到达对流层。

平流层

返回舱正穿过大气层，准备着陆。

臭氧层

臭氧层中的臭氧会阻隔大量来自太阳的紫外线，它就像地球的"遮阳伞"。

对流层

平流层的气流比较平稳，所以飞机一般会在这一层飞行。

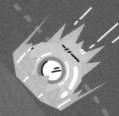

火箭为什么能冲进太空?

火箭作为重达几十到几百吨的大块头,居然能摆脱地球引力,一飞冲天,它是怎么做到的呢?嘿嘿,其中缘由很简单,举个例子你就明白啦!

1 虽然火箭和飞机都能飞起来,但是它们飞行的原理可不一样。

2 如果把一个充满气的气球突然放开,它会在半空中四处乱飞。为什么会出现这种现象呢?

3 那是因为气球被松开的时候,里面的气体喷射出来,同时给了气球一个相反的力,就是这个相反的力推动气球飞了起来。

气球里喷出的气体对空气的作用力

空气给气球施加的反作用力

推进器可以喷出高压气体

反作用力产生的推力大于火箭受到的重力

4 火箭里的燃料燃烧后会产生大量气体,这些气体从火箭尾部喷射出来,像极了气球被突然放开的样子。这些气体给了火箭一个相反的力,从而推动火箭向上飞。当这个力比火箭受到的重力还要大时,火箭就飞上太空啦!

5 火箭虽然是复杂精密的运载工具,但它升上太空的原理其实很简单。

杨利伟从小就对天空十分着迷，他希望自己可以像小鸟一样在天空中自由翱翔。

1987 年，杨利伟如愿成为了一名光荣的空军飞行员，离他的梦想越来越近了。

中国相关部门提出了载人航天计划。1992 年载人航天工程被正式批准。

任何成功都和努力分不开，杨利伟在成为预备航天员后，开始了严格的训练。

坚持了 5 年多的刻苦学习和训练后，杨利伟和其他 13 位优秀的飞行员，正式成为了中国第一代航天员。

随着中国发射的神舟 1 号、神舟 2 号、神舟 3 号、神舟 4 号宇宙飞船全部取得成功，载人航天计划的条件也越来越成熟了。

神舟 1 号　神舟 2 号　神舟 3 号　神舟 4 号

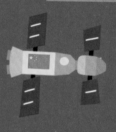

正是有了之前神舟 1 号到神舟 4 号宇宙飞船发射成功的经验，神舟 5 号终于成了一艘载人宇宙飞船。

欢迎搭乘！

经过层层测试和对综合能力的考核，杨利伟成为最适合进入太空的人选，他最终被选为神舟 5 号的航天员。

当杨利伟进入神舟 5 号宇宙飞船时，中华民族几千年来的飞天梦想终于要变成现实了。

2003 年 10 月 15 日是个值得铭记的日子，神舟 5 号成功升空，太空即将迎来第一位中国客人。

神舟5号发射成功！控制室里响起了持久的呼声，整个中国更是一片欢腾。

神舟5号报告，整流罩打开正常！

神舟5号飞船按照计划进入指定位置，一切都在顺利进行着。

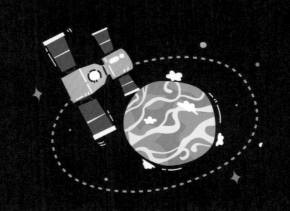

午饭时间到了，杨利伟开始在飞船内用餐。在太空环境里，食物虽简单，吃起来却并不容易，但他很享受这顿不寻常的午餐。

吃过饭后，杨利伟要开始工作啦！他熟练地控制着飞船。

一场"天地对话"在国防部部长曹刚川和杨利伟之间展开，这是中国的声音第一次从太空传回地球。

祖国和人民期盼着你凯旋！

我一定努力工作！

杨利伟在舱内展示了中国国旗和联合国旗帜，中国一直履行着作为世界大国的义务和责任。

和平利用太空，造福全人类。

任务快要结束了，神舟5号该"回家"了。北京航天指挥控制中心向正在太空飞行的神舟5号飞船发出了返回指令。

欢迎回家！

神舟5号飞船成功在轨飞行14圈后返回地球。返回舱成功着陆。

早就在地面上等待神舟5号"回家"的工作人员在第一时间找到了返回舱，当杨利伟从返回舱出来后，受到了全国人民的热烈欢迎。

在神舟5号成功发射并返回后，中国成为第三个把人类送入太空的国家。神舟5号的成功是一个良好的开端，太空的奥秘正等着我们去探索。

高铁来了

从 2008 年中国第一条高铁——京津城际铁路正式通车，到 2019 年京张高铁作为世界上第一条智能高铁登上历史舞台，再到 2020 年 12 月京雄城际铁路凭借众多创新技术成为中国高铁新标杆，高铁已经成为中国装备制造业一张亮丽的名片，令世界瞩目。当绿皮火车伴着轰隆隆的巨响缓缓驶去，高铁正载着我们飞速奔向智能时代。

高铁的前世今生 >>

火车是人类历史上最重要的交通工具之一，早期被称为"蒸汽机车"，是由蒸汽机（利用水蒸气产生动力的发动机）牵引的。

18 世纪 60 年代，瓦特经过多年的努力，终于改良了蒸汽机，提高了蒸汽机的效率。

中国也于 1881 年生产出了第一台蒸汽机车——中国火箭号，它的侧身刻着一条龙，所以也被称为"龙号"。

之后，蒸汽机应用的领域越来越广泛，冶炼、纺织等工业领域中都可以看到它的身影。

我怎么这么棒！

中国铁路，从我开始！

我发明了世界上第一列火车！

1825 年，由英国发明家史蒂芬孙设计的蒸汽机车载着 450 名乘客，以每小时 24 千米的速度行驶，标志着铁路时代的开始。

蒸汽机车的燃料是煤炭和木柴，而且需在铁路沿线设置加煤、加水的设施。因此，越来越多的国家开始转向研发电力驱动的机车。

1879 年，德国西门子电气公司研制了第一台电力机车。

节能才是王道！

1958 年，中国也研制出了第一台韶山型电力机车。

我们必须赶上！

虽然电力机车较蒸汽机车更环保、节能，但它需要建设合适的供电网络，无形中增加了机车的运营成本，为此，各个国家又开始研制内燃机车（内燃机是将燃料燃烧时放出的热能直接转化为动力的发动机）。

1924 年，苏联研制成了一台电力传动内燃机车，并交付使用。

中国也开始研发内燃机车，先后生产出东风型等 3 种型号的内燃机车。

1992 年，中国成功研制出了东风 11 型内燃机车，且时速可到 167 千米／时，开创了中国内燃机车的新时代。

我们不能落后于其他国家！

我的时速可达 120 千米／时！

我是中国铁路首次提速的主力车型！

20 世纪末, 各国开始大 发展高速铁路。

1964 年, 日本建成了最高运行时速为 210 千米 / 时的东海道新干线, 这是第一 条现代意义上的高速铁路。

我是世界第一!

日本新干线的成功让其他国家看到了高铁的价值。随后, 美国制造了名 为"黑甲虫"的高速试验列车, 采用喷气式发动机。

我不能输给日本的 0 系列车!

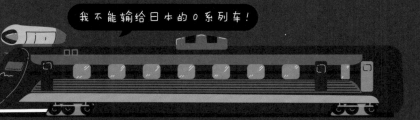

同时, 苏联也制造了名为 SVL 的高速试验列车, 同样采用了喷气式发 动机。

我不比你们差!

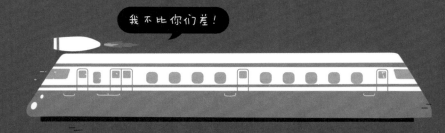

英国开启 APT-E 高铁计划, 并发明了转向架技术。(转向架是车辆的走 行装置, 用来承载车身重力, 帮助车辆通过弯曲的铁路。)

我使用最新的技术!

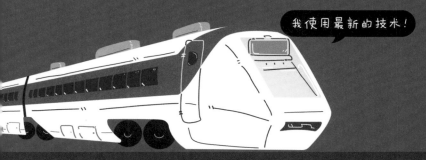

之后, 英国 APT-E 高铁计划因石油危机失败了, 只能将转向架技术转 卖给意大利。意大利将转向架技术融入自己的潘多利诺高铁中。

我转弯更平稳!

1974 年, 法国研制出了 TGV 高铁, 并开通了多条高铁线路。

我可以跑的线路 不止一条!

有着深厚技术基础和铁路运营能力的德国也不甘示弱, 于 1979 年试制 成第一辆 ICE 列车, 1985 年首次试车, 以时速 317 千米 / 时打破了德国铁 路的纪录。

有动力的感觉真棒!

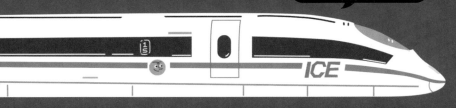

中国于 2007 年成功研发出和谐号电力动车组, 并正式投入运营。

我的时速是 300 千米 / 时。

2008 年, 中国第一条高速铁路——京津城际铁路正式投入运营, 标志 着中国正式迈入高铁时代。

天津的朋友, 给我 30 分钟, 带你去北京!

北京↔天津

2017 年, 复兴号正式投入运营, 意味着 国高铁进入了全面自主化、标准化新时代。

我是和谐号的升级版!

2019 年 12 月 30 日, 中国第一条智能化高 铁——京张铁路正式开通 运营。京张铁路是一条跨 越百年的高速铁路, 它不 仅见证了中国铁路领跑世 界的过程, 也见证了中国 综合国力的飞跃。

我可以带你体验中国 铁路的"百年旅程"!

高铁的"能量"从哪里来？

高铁是由电能驱动的，电能来源于发电站，如风力发电或水力发电站等。这些发电站是如何发电的呢？

水电站

水电站主要利用水从高处流下来的动力带动水轮机旋转，水轮机则带动发电机发电。

太阳能电站

太阳能电站将太阳能转化成电能的方式有两种：一种是将阳光直接转化成电能，称为"光发电"；另一种是聚集太阳能，产生高温，再将热能转化成电能，称为"热发电"。

风电站

风电站主要利用风力驱动风轮机，风轮机带动发电机发电。风能属于可再生能源，非常清洁，所以这种发电方式很受欢迎。

变电站

变电站可以将各个发电站产出的电能升压，升压后的电能经过国家电网的线路被输送到各地，供各系统使用。

火电站

火电站是用煤、油、可燃气体等燃料发电的发电站。燃料在燃烧时加入热水会产生大量蒸汽，蒸汽带动汽轮机转动，汽轮机再带动发电机发电。

燃烧矿物燃料是目前最常用的发电方式之一，但开采和燃烧矿物燃料会污染环境，而且矿物燃料属于不可再生能源，所以用清洁能源代替矿物燃料发电势在必行。

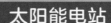

高铁是怎样动起来的？

驱动高铁的电能是高压电，但为什么我们站在铁轨上却不会发生触电事故呢？这是因为虽然铁轨带电，但铁轨是零线（对地电压为零的导线），所以人站在上面不会有什么感觉。不过，克克罗还是提醒大家，站在铁轨上是非常危险的行为！

牵引变电所

牵引变电所可以将变电站输送的电能电压降到更低，一般高铁沿线每 50 ~ 60 千米就会设置一个牵引变电所。也就是说，如果高铁以 350 千米 / 时的速度行驶，那么它行驶不到 10 分钟就会路过一个牵引变电所。

接触网

悬挂在轨道上方，沿着轨道敷设的输电网。它和铁路轨顶保持一定距离，通过受电弓为高铁提供电能。

受电弓

安装在高铁车顶上，和接触线相接触，把电能引进车里。

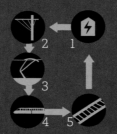

1. 牵引变电所将电能输送到接触网上。
2. 接触网将电能输送到高铁受电弓上。
3. 受电弓将电能传到高铁车身，驱动高铁行驶。
4. 电能经高铁的车轮输送到铁轨上。
5. 铁轨再将电能送回牵引变电所。

高铁身上的小秘密

高铁的座位是可以旋转的，当高铁到达终点站时，乘务员会将高铁的座位都转过来，朝向列车的行驶方向。

"子弹头"车头

流线型的车头可以减少空气阻力，提高运行速度。

塞拉门

电动车门安全可靠，密封性也更好。

车端连接装置

可实现车厢的自动连接与分离，还可满足高铁减重的需求。

双层安全玻璃车窗

透光性好，可以真实展现窗外的情况。

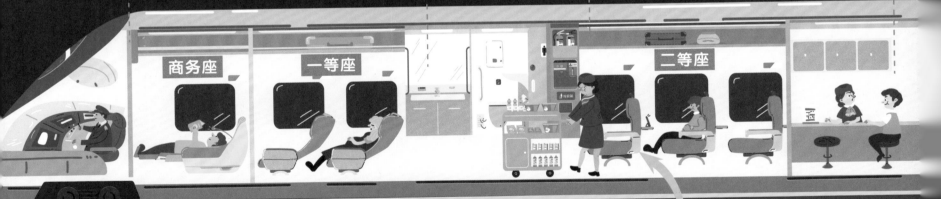

餐车室

每列高铁都会配备至少一个餐车室。

卫生间

高铁在停车的时候是可以使用卫生间的。

行李架

行李箱放在行李架上，更安全方便。

电子显示屏

现在高铁速度为311千米/时，车外温度为25℃。

```
11:51      311 km/h
20  外温(Ext): 25℃
```

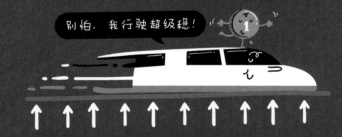

商务座　一等座　二等座

高铁上为什么没有安全带？

别怕，我行驶超级稳！

高铁虽然运行时速较快，但乘客却完全感受不到颠簸，也不需要系安全带，这都得益于高铁的无砟轨道和减震系统。你可以做一个实验：在运行时速300千米/时的复兴号上立一枚硬币，你会发现硬币可以不倒。所以，乘客在行驶的高铁上时可以行动自如，自然也就不需要系安全带了。

电源插座

AC220V 50Hz
电源插座

前排座椅下方有插座，可供手机等移动电子设备充电。

克克罗
TIME 时间

驾驶员是怎么驾驶高铁的？

高铁驾驶室空间比较小，所以高铁一般只配备一名驾驶员。高铁驾驶员实行 4 小时轮班制，长途高铁会在行驶的中间车站停车，更换驾驶员。驾驶员工作期间需要密切观察高铁行驶情况，时刻注意接收调度指挥中心发来的信号。

高铁线路高清相机
记录高铁驾驶员在驾驶过程中的一切行为。

紧急制动按钮
当发生紧急突发情况时，按下紧急制动按钮可以紧急停车。（制动俗称"刹车"。）

线路摄像机
用来监视列车前方路况。

因为高铁进出站口都设有道岔，而通过道岔的速度不可以过高，所以高铁的进出站速度需要控制在 45 千米/时以内。

话筒
话筒便于驾驶员联系车站及调度指挥中心。

主操纵手柄
主操纵手柄用于控制高铁的牵引和制动。

列控车载设备
高铁驾驶室里还装着和飞机一样的"黑匣子"，叫列控车载设备，承担着对动车运行进行监控记录的职责。

克克罗 TIME 时间

如今，高铁已经开始配备自动驾驶系统。自动驾驶系统可以实现车站自动发车、区间自动运行、自动折返车站、自动停车、自动控制车门开关等操作。我国就拥有世界首列自动驾驶高铁——京张高铁智能动车组，它因配备了人工智能、自动驾驶系统、北斗导航系统等，被称为"智能高铁"。

表盘指示列车运行速度

高速列车的行驶速度会根据行驶距离调整，越接近目的地，列车的速度越慢。

高铁的"指挥者"——调度指挥中心

调度指挥中心是铁路系统最繁忙的部门，因为它要确保整个铁路系统安全有序地运行，发挥着像大脑一样重要的作用。一起参观一下吧！

调度员需要根据屏幕上显示的网状图进行列车调度。

春运是重要时期，大家都要精神高度集中！

调度员可以使用调度集中控制系统对某区段内的铁路信号设备进行集中控制。

据说，今年铁路春运累计发送旅客会突破4亿人次呢！

看来又要加车了！

快，联系一下车站！有一列列车因突发情况，晚点五分钟！

从春运第一天开始到今天，已经连续7天单日发送旅客破千万人次了！

高铁的调度指挥中心相当于整个铁路运输系统的"管家"。这里的工作人员需要时刻监控所有列车的运行、路况和信号等信息，并向列车准确传达实时信息，保证列车安全有序地运行。如果遇上特殊天气，他们就更忙碌了！

高铁的"特殊待遇"

你有没有发现，高铁的舒适度要比普通火车好很多？其实，除了高铁内部设计得比较人性化外，还有一个重要原因就是铁轨的区别。高铁行驶的铁轨和普通火车行驶的铁轨是完全不一样的。难道，就因为速度快，高铁就得到了这样的"特殊待遇"吗？

什么高铁的铁轨往往建在高架桥上？

高铁在高架桥上运行，不仅可以节约土地资源，且能避免颠簸、减少弯道行驶，不用担心发生人小动物穿越轨道的意外情况，还能躲避洪水、泥流等地质灾害。

为什么高铁铁轨穿过的隧道口是喇叭形的？

普通铁路的隧道口只适用于普通列车，而高铁因为速度过快，在进入隧道时会挤压空气，乘客会感到耳鸣。因此，工程师们将隧道口设计成喇叭形状，可以有效减轻高铁在进入隧道时受到空气挤压的影响，减少乘客的不适感。

普通铁路的隧道口　　高速铁路的喇叭形隧道口

为什么高铁的铁轨中间没有碎石子？

砟（zhǎ）子指的是小的石块、煤块等。以往的铁轨是有砟轨道，每当有列车驶过时，经常会飞溅碎砟，发生意外。所以，现在高铁铁轨设计成无砟轨道，不仅没有碎石飞溅，还可以提高高铁的运行速度，延长铁轨的使用寿命。

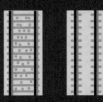

有砟轨道　　无砟轨道

高铁上没有方向盘，怎么改变行进方向呢？

高铁通过道岔改变行进方向。道岔是使列车从一组轨道转到另一组轨道上去的装置。计算机会精准控制道岔的移动方向，把需要改变行进方向的高铁引导到正确的轨道上去。

高铁出厂前的"考验"

高铁在正式运营前需要过许多"关卡"，经过多道组装程序，最后还要通过一项"考试"，也就是出厂前的测试。这些环节都是为了确保高铁能以零缺陷状态出现在大家面前。

1. 送往总装配厂

车体喷好车漆后，会被运往总装配厂进行装配。

2. 装配组件

工程师们会将上万个组件装配到高铁车体上，并且确保所有组件都可以正常工作。

3. 调整性能参数

工程师们会对所有部件进行反复检验和校正，将所有性能参数都调整到最佳数值。

4. 开始检验

经过所有调试后，高铁还要经过一个可靠性运行的检验才可以正式投入运营。

从行走到奔跑的中国高铁

北京和上海相距 1300 多千米。几十年前，坐火车从北京到上海需要 40 多小时，如今只需要 4 个多小时，简直像是安上了"风火轮"。这种变化可不是一朝一夕出现的，列车速度的变化史，就是一部列车的发展史。

1 　19 世纪 80 年代，中国第一台蒸汽机车——中国火箭号诞生，时速最高为 32 千米 / 时。如果不停车，乘坐这列火车从北京出发，大概需要 2 天 2 夜才可以到达上海。

2 　20 世纪 60 年代，东方红 1 型内燃机车正式投入运营，时速为 120 千米 / 时。乘坐这列火车从北京出发，大概需要 12 个小时能到达上海。

3 　20 世纪 90 年代，韶山 8 型电力机车诞生了，它的速度较内燃机车提升了很多，最高时速为 170 千米 / 时。如果中途不停车，乘坐它从北京出发，大概需要 8 个小时可以到达上海。

4 　21 世纪，更快的先锋号电力动车组诞生了，时速可达 200 千米 / 时。从北京到上海，乘坐先锋号动车大概需要 6 个小时。

5 　2017 年，中国自主研制的复兴号投入运营，时速为 350 千米 / 时，可谓"神速"。乘坐复兴号动车，即使中途停车，从北京到上海也只需要 4 个多小时。

高铁线路的"中国之最"

中国人凭借过人的智慧和开拓进取的精神，不仅自主研发出了领先世界的高铁技术，还克服了各种复杂的地理条件，在修建高铁的过程中创造了各种"中国之最"，让人印象特别深刻！

中国目前最长的高铁线路——徐新高铁

徐新高铁是中国目前最长的高铁线路，全长 3176 千米，由徐兰高铁线路和兰新高铁线路组成。整条线路从徐州开始，跨过江苏省、安徽省等 7 个省和自治区，最终到达新疆乌鲁木齐，中间还会跨过黄河和长江两大流域。

最"圆满"的高铁线路——海南环岛高铁

海南环岛高铁是世界上首条热带环岛高铁，它全长 653 千米。建立伊始，动车环岛一周最快时间为 3 小时 10 分钟。

中国目前最冷的高铁线路——哈大高铁

哈大高铁连接着大连和哈尔滨，是世界上第一条穿越高寒季节性冻土地区的高速铁路。为了对抗东北冬天的严寒天气，哈大高铁首创了"抗冻"车厢、世界最大号码的高速无砟道岔等很多科技成果。

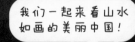

中国地形复杂多样，山地、□面积广大，这就意味着中国在□建高铁时会遇到很多难题。高□程师们不但要克服复杂的地□地质条件，还要满足"经济性、□速度、高安全"的高标准严要求，□绿色高铁。他们迎难而上，在□高铁质量和工期速度的同时，□□工程对生态环境的影响降到

"最有看头"的高铁线路——杭黄高铁和合福高铁

杭黄高铁和合福高铁被称为中国高铁的"颜值担当"。杭黄高铁连接杭州和黄山，途经西湖、千岛湖、黄山等 57 个国家级风景区。合福高铁连接合肥和福州，途径武夷山、三清山等风景区，中国 4 个世界自然与文化双遗产有一半都在这条线路上。

机器人来了

过去工厂里的工作可真是既繁重又枯燥，幸好现在有工业机器人可以帮助我们。不只是在工厂里，随着科技的快速发展，机器人在我们生活的方方面面都起着越来越重要的作用：问答机器人能够解答作业难题，陪护机器人可以照顾病人和老人，手术机器人可以帮助医生做手术，还有的机器人可以准确地完成垃圾分类……哇，看来机器人不再只存在于动画片和书本里了，而是已经来到了我们的身边，成了我们的好帮手！跟着克克罗认识一下我们的机器人朋友吧！

历史上千奇百怪的机器人先祖 >>

机器人的历史真是久远呢！这些机器人先祖虽然不能与现代机器人相提并论，却是现代机器人发展的基础。

并不只有现代人对机器人有所憧憬，其实早在古希腊神话中，就出现了一个用青铜打造的机器人"塔罗斯"。

考古学家在希腊安迪基西拉岛上发现了一个古老的机械装置。它能帮助古希腊人追踪太阳、月亮和夜空中星星的运动，被认为是世界上最早的计算器。

1737 年，法国发明家雅克·沃康松发明了一个能吹笛子的人形机械，可以演奏二十多首曲子。随后，他又发明了一只机械鸭子，奇特的是这只鸭子可以发出声音和吃东西，甚至会排泄。当时有人说这大概是人类有史以来创造的最奇特的机械生物。

1774 年，瑞士钟表匠皮埃尔·雅克·德罗发明了一个可以写字的机械男孩，是机器人发展史上重要的发明之一。

日本在 19 世纪就发明了木偶机械人，可以在茶会上为客人端茶。

机器人——"Robot"一词的原型"Robota"最早出现在捷克作家卡雷尔·佩克的科幻剧本《罗素姆万能机器人》中。

1929 年，匈牙利发明家塔尔扬·法兰克发明了一个和自己长得很像的机器人，这个机器人还可以"讲话"，但声音是由在隔壁房间的其他人通过麦克风发出来的。

1939 年，纽约世界博览会上展出了一个可以被遥控的机器人，它能说 700 个单词，还会抽雪茄，也可以用手指头数数。

日本在 2000 年发明了一个能走能跑的机器人，叫阿西莫。它的出现意味着我们正式进入了现代机器人时代。

如果能让机器人替我们做家务就好了。1964 年，奥地利科学家克劳斯·斯沃茨就发明了两个会做家务的机器人。

拥有一只机械宠物可能是每个孩子的梦想。其实 1981 年时，斯蒂夫·布鲁克斯就给自己制造了一只机器宠物狗。

机器人身体里的小秘密

机器人为什么这么能干呢？答案就藏在它们的构造里。机器人的外形和功能虽然五花八门，但基本结构和活动原理大同小异。下面，我们就以曾被《时代》周刊评为最佳发明之一的巴克斯特为例，揭开机器人身体里的小秘密吧。

| 产地
美国 | 年份
2012 年 | 高度
带底座 1.9 米，
相当于 1 张成
人床的长度。 | 质量
带底座 138.7 千
克，相当于 2 个
成年人的体重。 | 动力
电池 |

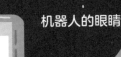

传感器

传感器就像机器人的眼睛，机器人通过它来了解周围的环境。

驱动系统

我们经常能看到机器人跟随音乐起舞，身体十分灵活，其实这些都是驱动系统的功劳，正是它让机器人变得更实用。

机器人的眼睛

机器人的的关节

机器人的大脑

机器人的手

完美通过测试！

可以投入生产了！

末端执行器

末端执行器的作用主要是执行操作命令，就像机器人的双手。

控制器

控制器很像机器人的大脑，通常由芯片和微型电脑组成，它能让机器人的各个部件协同工作。控制器有多先进，机器人就有多聪明。

手术台上的神奇妙手

众所周知，达·芬奇是世界著名画家，在机器人领域也有一个达芬奇。它是一套手术设备，能帮助医生以微创的方式施行复杂的外科手术。

| 产地
美国 | 发布年份
2000 年 | 动力
电池 |

它是如何工作的？

达芬奇手术设备并不是完全智能的机器人，需要由医生控制。它在医生的指挥和操作下工作，同时向医生传送清晰的图像信息，方便医生随时了解病人的情况。

通过视觉系统，医生能很清楚地观察到手术的操作过程。

由电动机驱动的每个关节都可以灵活地活动。

为病人减轻了痛苦，太好了！

准备缝合了！

手术看来很顺利！

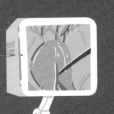

在控制台上，外科医生将常规的手术动作指令发布给机器人。机器人收到指令后，会用机械手臂精准地执行这些动作。

每只机械手臂的末端会根据医生的需求配备不同的手术工具，如手术刀、镊子等。

全能机器人——NAO

现实生活中，还存在着多才多艺的机器人呢！下面这个叫作 NAO 的机器人不仅知识丰富，还可以用十几种语言和人类对话。别看它长得小巧可爱，名气可大着呢！是目前世界上最知名的机器人之一。

🌐 产地 法国	📅 年份 2006	📊 高度 57.3 厘米，相当于 1 个新生儿的身长。	🏆 质量 5.4 千克，相当于 1 个西瓜的质量。	⚙️ 动力 电池

触觉传感器可以唤醒机器人并使其执行相应的动作。

NAO 利用声呐来判断和计算自己与前方物体的距离。

扬声器

摄像头

NAO 有两个摄像头，能够敏锐地捕捉到环境的变化。它在和人交流的时候眼睛还会变颜色，用这种方式来表达心情。

膝关节

NAO 的手指很灵活，可以抓取 300 克的物品，相当于一个橙子的质量。

NAO 的脚底安装了减震器，可以作为检测周边物体的传感器。

踝关节

克克罗 TIME 时间

我的国籍是沙特阿拉伯！

ID

唯一有"身份"的机器人

每个人都有身份，有自己的祖国。但是机器人有没有这样的身份呢？中国香港曾研发出一个机器人，名叫索菲亚。2017 年 10 月，索菲亚成为沙特阿拉伯公民，它也是世界上第一个获得国籍的机器人。

它是如何工作的？

NAO 全身有几十个传感器，可以完成一系列复杂的动作。即使摔倒了，它也可以通过控制器向身体的各个部件下达命令，相关的部件会帮助它重新站起来。

便携机器人——悟空

在中国，也有个特别厉害的机器人"小朋友"，设计师给它起了特别的名字——悟空！它会像神话传说中的孙悟空那么神通广大？一起来看看吧！

产地	年份	高度	质量	动力
中国	2018 年	24.5 厘米，比A4 纸的长度还要短一些。	0.7 千克，相当于 14 个鸡蛋的质量。	电池

触摸传感区可以唤醒悟空或是打断悟空正在进行的动作。

摄像头可以帮助悟空快速地捕捉人脸、图像等。

LCD（液晶显示屏）制作的眼睛可以表现出各种情绪。

红外测距感应器可以探测与前方障碍物的距离，并迅速做出相应的反应。

悟空的身体里有好几个高精度的传感器，帮助它感知外部环境，完成各种动作。

SIM 卡槽插上 SIM 卡后就可以实现实时 4G 语音功能。

悟空拥有灵活的关节，可以帮助它完成跳舞、行走等动作。

悟空不仅长得萌萌的，还有强大的本领，可谓上知天文、下知地理，十八般武艺样样精通。

悟空悟空，讲个故事吧！

可难不倒我！

悟空能储存大量知识，堪称知识渊博。不仅如此，它还能自如地和人类互动，根据不同指令做出相应的回应。

悟空的摄像头有很高的像素，不仅可以识别人像、物体等，还能作为监控摄像头使用。

看我，活动自如！

悟空体内拥有十几个舵机关节，正是有了这些部件的帮助，它才能做出各种复杂的动作，即便摔倒了也能自己站起来。

悟空的双眼是 LCD 材质制成的，可以在与人交流时表现出喜、怒、哀、乐等情绪。

Yeah！

机器人为什么会互动呢？

如今，机器人不仅活跃在工业、医疗、航空等领域，也越来越频繁地出现在我们的日常生活中，跟人类的互动也越来越多了。它们之所以能跟我们互动，主要依靠传感器。传感器能让机器人对周围的环境变化及时做出判断。有趣的是，不同种类的机器人身上的传感器也不同。

居然被你发现了！

摄像头

火星探测器——漫游者

摄像头是最常见的传感器，它可以直接将环境影像送给机器人，方便它们收集、分析数据。通常用摄像头传感器的机器人都是以探测为目的的机器人，比如著名的火星探测器——漫游者。

激光

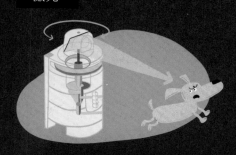

106.5米

激光（某些物质原子中的粒子受激辐射的光，单色性、方向性好，亮度高）传感器是比较特殊的传感器。当激光照射到目标表面并且反射回来时，机器人就能根据激光的返回时间测算出自己与目标之间的距离了。

蝙蝠回声定位的原理与声呐的工作原理类似。

声呐

声呐是利用声波在水中传播和反射的特性，通过电声转换和信息处理进行导航和测距的技术。对于从事打捞或科学探测等水下作业的机器人，工程师通常会给它们配备声呐传感器，它们就会像蝙蝠一样，通过声音的返回时间及波形测算出自己和目标之间的距离。

集合啦！机器人都是怎么行动的？

机器人不仅外形千奇百怪，行动的方式也大不相同。不信的话，我把它们叫来给你看看。机器人小分队，听我口令，赶快行动，集合！

轮式机器人

跟慢吞吞的履带式机器人比起来，轮式机器人的行动快多了。它像汽车一样，车轮骨碌碌地快速旋转，一会儿就到达集合地点啦！因为这种行动方式比较简单，速度也快，所以用途最广。在轮式机器人中，四轮机器人最受欢迎，因为它们更稳当，也更方便控制。

前轮
后轮
底部仰视图

驱动电动机

从动轮

底部仰视图

底部仰视图

履带式机器人

这个机器人听到集结命令后，开始缓缓地向前转动履带，像坦克一样行动。这种履带式的行走方式虽然速度慢一些，但比较平稳。

步行机器人

这个机器人长得可真奇怪，像个大虫子一样，扭动着6只脚过来了。这是模仿生物特征发明的步行机器人，除了它以外，还有像人一样拥有两只脚的，以及长着很多只脚的机器人。它们能够在地形复杂的环境里完成工作，是人类的好帮手。

机器人还做了哪些了不起的事？

人类的好奇心是无穷无尽的，但是以人类自身的能力来说，很难亲身在极端环境中进行探索口工作。同时，有些危险性极高的工作也会威胁到我们的生命。该怎么办呢？不用担心，机器人以做我们的帮手，帮助我们完成那些看似不可能完成的任务和危险的工作。

这是一款高端的航天装备！

国际空间站助手——加拿大臂 2 号

太空是人类一直想要探索的神秘领域。由于太空的环境严酷恶劣，人类对它的探索非常艰难，进展缓慢。为此，加拿大航天局研制了加拿大臂 2 号机器人，它能代替人类长期驻守在国际空间站，成功捕获来自地球的无人宇宙飞船，并助其与国际空间站对接。

火山探测者——但丁 2 号

火山常常是危险的代名词，它爆发时产生的有毒气体和滚烫岩浆真是可怕！这上人们既渴望研究它，又对它望而却步。多亏有了但丁 2 号机器人，它曾在 1994年成功爬到阿拉斯加的斯普尔火山口，收集到了气体样本。

炸弹拆除者——背包 510

战场或许是最危险的地方，地雷和炸弹时刻威胁着士兵的生命。背包 510 军用机器人肩负着保护士兵的使命。背包 510机器人可用于执行各种危险的任务，如清理废墟和拆除炸弹等。

克克罗 TIME 时间

你好，我要办理入住。

您好，欢迎光临！

海底探险者——海洋 1 号

深海一直都是人类渴望探索的领域，它神秘又危险，人类无法长时间在其中工作，所以机器人就成了探索深海的最佳选择。斯坦福大学研制的海洋 1 号机器人就曾在地中海 100 米深的海床处发现了 300多年前沉没的法国战船。

考古工作者——金字塔漫游者

考古是研究历史的重要途径，但这个过程往往充满危险。小型的考古机器人刚好解决了这个难题，它们可以在危险的环境中工作，如金字塔漫游者就曾于 2002年通过狭窄的通道，进入了埃及王后的墓室进行考古。

机器人酒店

中国首家机器人酒店真正成为"无人酒店"，不论是前台接待员，还是客房服务员，就连餐厅的服务员和调酒师都是机器人。

世界上第一款软体机器人——Octobot

或许你已经见过了太多强壮的机器人，但你一定不知道在机器人当中还有一个柔软的成员——章鱼机器人 Octobot，它是世界上第一款软体机器人，由柔软的硅胶材料制作而成，就连海洋中的小鱼都以为它是真的章鱼。跟随克克罗一起了解一下这位柔软的朋友吧！

 产地
美国

  年份
2016

 长度
6.5 厘米

 动力
化学反应
供能

Octobot 是如何运动的？

如何能让章鱼机器人在海里自如地移动？科学家为了实现这个想法费尽了心思。最终他们想到了一个好办法：将含有特殊化学元素的墨汁注入机器人体内，然后将另一种化学液体注入机器人触手里。这两种液体在一起会产生化学反应，生成气体，这些气体会使机器人的触手膨胀起来，这样它就可以在海里游动了。

Octobot 体内含有金属铂。使用吸管将彩色的过氧化氢（双氧水）注入 Octobot 体内。

当过氧化氢和铂发生反应时会产生气体，Octobot 就会膨胀移动。

1毫升的过氧化氢液体可以让 Octobot 移动8分钟左右。

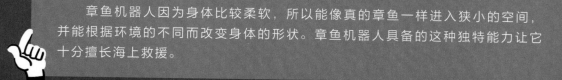

章鱼机器人因为身体比较柔软，所以能像真的章鱼一样进入狭小的空间，并能根据环境的不同而改变身体的形状。章鱼机器人具备的这种独特能力让它十分擅长海上救援。

克克罗的好朋友——布卡

日本著名动画片《哆啦A梦》里的哆啦A梦是大雄的好伙伴，不仅陪伴他成长，还经常帮助他解决难题，可真棒啊！克克罗也有一个很棒的机器人朋友——布卡。现在就把它介绍给大家！

大家好，我是克克罗的好朋友——布卡，我是一个智能机器人！很高兴认识你们。

嗨，大家好！

我的智能系统就是我的大脑，所以，我可以像人类一样学习和思考。

猜猜我在想什么呢？

我的外壳是用一种叫纳米的固体材料制成的，不仅可以适应各种环境，还可以自动修复破损的部件。

快看，自我修复已经完成！

有你真好！

我每天都会收集各地的新闻，这样我就可以和克克罗聊一聊新鲜事了。

保护环境，人人有责！

快看，全球变暖又加剧了！

我有很多传感器，这让我不仅可以做出很多复杂的动作，还能每天都和克克罗一起打篮球。

好球！

来，接球！

我能瞬间从大量的知识储备中找到克克罗想知道的答案。

雨是怎么来的呢？

大气层中的水蒸气凝结成小水珠，大量的小水珠聚在一起就是云。当云中的水珠达到一定质量后就会下降，落下来的就是雨！

我的情绪感知功能可以让我发现克克罗的心情变化。如果他不开心的话，我不仅会安慰他，还能给他讲笑话。

别哭了，我给你讲个笑话吧！

我还拥有医疗系统，如果克克罗生病了，我会根据他的病情为他提出治疗方案。

克克罗，你发烧了！

我和克克罗是无话不谈的好朋友。但是我有一个克克罗也不知道的秘密，那就是我想永远陪伴他，和他做一辈子的好朋友！

计算机来了

简单的加减乘除，我们应该都会算，但如果碰到太复杂的题目，那可真是让人头疼呢！解题过程不仅烦琐，还容易出错。这时候，为什么不让计算机来帮忙呢？它能又快又准确地把结果呈现给我们。不仅如此，它能为我们做的事还有很多。可你知道它是怎么做到的吗？

计算机的前世今生 >>>

虽然计算机诞生至今还不到 100 年，但其实它的历史可以追溯到更早的时间。让我们一起来了解一下计算机的前世今生吧！

1642 年，法国数学家帕斯卡发明了滚轮式加法器，把他的父亲从繁重的税务工作中解脱了出来。

轻轻摇一摇，加法运算不用愁！

二进制是一种记数法，采用 0 和 1 两个数码，逢二进位。

计算机只能识别 0 和 1。

继帕斯卡之后，德国数学家莱布尼茨提出了数字表示法"二进制"。

19 世纪初，法国人约瑟夫设计出世界上第一台可以按照程序运行的机器——可以织出指定花纹的提花织布机。

聪明如我！

HELLO WORLD

后来，英国数学家巴贝奇设计了一种机械式计算机，虽然没有研制成功，但他的朋友洛夫莱斯为其写下了一系列指令。

我是"计算机第一人"。

我编写了世界上第一个计算机程序。

第二次世界大战期间，德国军队使用一种名为"恩尼格玛"的密码机来撰写密电，使得德国在战争中获得了巨大优势。

就是这个密码！

解出来了！

为了破解德国军队的密码，英国数学家图灵发明了一种破解装置，帮助盟军取得了胜利。

破译更快了！

第二次世界大战后期，英国军队又研发出了更精密的解码机——巨人计算机，为二战的胜利立下了汗马功劳。

1946 年 2 月 14 日，由美国军方研制的世界上第一台通用电子数学计算机——ENIAC 诞生了。

这才是第一台通用计算机！

1951 年，麻省理工学院引入了当时较为先进的实时处理理念，制造出了拥有世界首款成熟操作系统的旋风计算机。

它处理数据的速度要快于 ENIAC！

1976 年，史蒂夫·乔布斯和斯蒂夫·沃兹尼亚克等人创办了美国苹果电脑公司，并推出了 APPLE I 计算机。

我预言，这台计算机会风靡全球！

APPLE

20 世纪 70 年代，微型计算机开始普及，大量的计算机逐渐进入了人们的日常生活。

用计算机办公好方便！

如今，计算机已是我们生活的必备品，无论是办公还是日常生活，都离不开计算机了。

赞！

我新添置的设备，酷！

计算机是怎样工作的？

你知道计算机的各个部分都负责什么吗？为什么它能在我们的操作下"有求必应"？现在就让我们来揭开藏在它身上的秘密吧！

输出设备

计算机显示或者输出信息的部分，比如显示器、耳机。

网卡

计算机之所以能天文地理无所不知，秘密就在于它有一个叫网卡的连接设备。

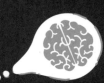

合作愉快！

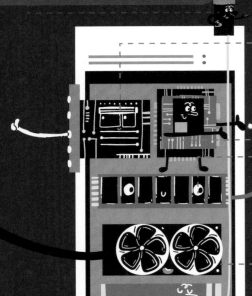

声卡

如果说，耳机像计算机的嘴巴，那么声卡就是计算机负责翻译听觉信息的部件。这样，我们才能听懂它发出来的声音信息。

中央处理器（CPU）

中央处理器是计算机的"大脑"，负责对数据进行控制、处理和运算。

存储器

程序、数据等信息都被存储在存储器里。

输入设备

我们靠键盘、鼠标等输入设备对计算机发布指令。

我移动使用更便捷！

显卡

显卡是计算机负责翻译视觉信息的部件。它将主机的输出信息传送到显示器上。

电源

电源是计算机不可缺少的供电设备，不接通电源，计算机就无法工作。但是，笔记本电脑自带电池，可以在不接通电源的情况下工作一段时间。

如何与计算机沟通？

我们与计算机沟通时需要使用计算机语言。计算机语言有很多种，虽然看上去都很不同，但它们的功能是一样的。计算机语言由很多符号、字母和数字组合而成。它们的顺序、拼写都必须正确，只有这样，计算机才能懂得并执行我们的命令。

认真听讲，这是基础！

基础很重要！

这些我都会！

HTML Java

C 语言

如果你想运用计算机语言和计算机沟通，那么就要先了解编程（编写计算机程序），掌握 C 语言。

我什么都会！

C# 语言

游戏、软件等，都不在话下！

C# 语言

C# 语言是为了扩展和补充 C 语言而出现的，它在 C 语言的基础上增加了很多新的语法，提高了开发效率，是一种全功能性的语言。

HTML

没有我，你根本看不懂网页！

HTML

HTML 是一种用于创建网页的标准标记语言，具有简易、可扩展、通用等特点，一直被用作万维网（WWW）的信息表示语言。

手机应用程序离不开你们。

Java Swift

APP

Java 或 Swift

Java 是 10 多年来计算机软件发展过程中的传奇，因其简单、安全等特点，很受开发者的喜爱。Swift 是苹果公司开发的语言。两者都适用于编写智能手机的应用程序。

Python

Python 是一种通用型计算机语言，具有简易、功能强大等特点，不管是传统的网站开发、计算机软件开发，还是当下大热的大数据分析，Python 都可以胜任。

计算机的"大脑"——中央处理器

中央处理器也叫 CPU，相当于计算机的"大脑"，它扮演着很重要的角色。简单来说，它就是我们和计算机之间的翻译，先充分理解我们的指令，然后指挥计算机去完成任务。

当我们要打印一份文件时，首先通过键盘或鼠标输入打印指令，处理器收到这个指令后，会将打印指令传给打印机，打印机就会打印对应的文件。

当你正在玩游戏时，你只需要操作游戏手柄，处理器就会根据指令来指挥屏幕上的人物前行、后退、上跳或是下蹲。

计算机的核心——芯片

启动！出发！

准备出发！

汽车里也有处理器，它会根据驾驶员的操作及时处理信息，从而控制汽车行驶。当然了，汽车的安全锁、空调等也是由处理器控制的。

当你使用智能手⋯的时候，处理器可以⋯别你的脸、指纹、声⋯还可以完成你的其他⋯令，要不怎么能称为"⋯能手机"呢！

过去的计算机体积大，功能简单，现在的计算机不仅体积越来越小，而且功能也越来越完善了。这是因为计⋯机的芯片越来越强大，它虽然微小，却将计算机内部复杂又庞大的电路集成到了一起，缩小了计算机的体积，强⋯了计算机的功能。由此可见，计算机的芯片有多么重要！

什么是芯片？制造芯片的原料是什么？

芯片就是集成电路，简单来说，芯片就像用拼搭积木盖的房子一样，首先要有一个坚实的"地基"，才可以在上面铺设很多层电路。

电路之间的距离要用纳米来计算，纳米是长度单位，用 nm 表示。1 纳米等于 10 的负 9 次方米，而我们的头发丝直径差不多比 1 纳米粗了 6 万倍呢。

芯片的原材料是我们日常生活中最常见的硅，是从我们最常见的沙子中提取出来的。硅是一种半导体材料，可以很好地导电，是制造芯片的不二之选。

我们一起来看看芯片是如何被制造出来的。

1 这样设计才完美！

首先，由专家设计出合理的电路图。

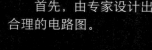

2 提炼成功！

随后，科研人员会利用化学方法将沙子熔化，提炼出二氧化硅，并将二氧化硅变为单晶硅，拉成硅柱。

3

之后，硅柱会被切成一个个薄片，这就是芯片的"地基"。

4 完美出品！

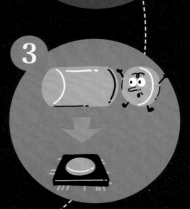

最后，科研人员会在基⋯上附上一层金属薄膜，并在⋯属薄膜上刻出之前设计好的⋯路图，芯片就制造出来了。

计算机可以做哪些事情？

计算机的功能很强大，它不仅可以帮我们完成超级复杂的运算，而且可以代替我们去做一些我们无法完成工作，还可以丰富我们的生活，提高幸福指数。说了这么多，一起深入了解一下计算机都可以做哪些事吧！

过程控制

过程控制也是计算机涉及的一个领域，比如工厂的生产线，生产多少产品、标准是多少等，这些都可以由计算机控制。

科学计算

科学计算是计算机涉及最的应用领域，主要是利用计机强大的运算能力来解决我无法完成的大量计算问题。

信息处理

信息处理是当代计算机的主要任务，常用于高铁、飞机的订票系统和银行的管理系统等。

辅助设计

以前的设计工作都需要设计师自己手绘草图，然后做出实物模型。现在，设计师只需要在计算机中输入准确数值，计算机就可以绘制出 3D（三维立体）模型。

这些重复的工作就应该交给计算机！

我来帮你们！

完美！

日常生活

说到日常生活，那计算机可谓无处不在，小到家用电器，大到我们出行乘坐的汽车、飞机等，都离不开计算机的应用。

人工智能

人工智能是计算机应用中较为前沿的领域，其中我们最熟悉的莫过于机器人了。

嗨，几天没见，你变帅了！

网络应用

对我们而言，网络应用可能是计算机最重要的功能。计算机不仅缩短了人与人之间的距离，还极大地丰富了我们的生活，提高了我们的工作效率。

计算机的操作系统

计算机的操作系统是一种软件系统，负责组织计算机的工作流程，控制储器、中央处理器和外围设备等，是计算机应用的基础。计算机常见的操系统有 Windows、macOS、Linux 和 UNIX，来认识一下它们吧！

Windows

Windows 是由微软公司开发的，目前个人计算机应用最多的操作系统。相较于其他操作系统，Windows 的操作方式极为简单，比如你只需要点击桌面左下角的"开始"，就可以找到你想找的内容。

macOS

由苹果公司开发的 macOS 是果产品一款专用的操作系统。它操作界面漂亮，而且对图形、频的编辑能力也很强，受到设计员的青睐。

我处理图像的能力很强！

不是谁都可以用我的哟！

Linux

Linux 和 Windows、macOS 的区别是，它更专业，适用于从事计算机行业的专业人员，如程序员、软件开发者。

UNIX

UNIX 是操作系统中的"元老"，dows 和 Linux 都是参考了 UNIX 才开出来的。UNIX 操作系统在我们日常生活并不常见，因为它属于商业软件，只适用科学计算等方面。

说到操作系统，除电脑上经常应用的以外，智能手机、平板电脑等也有自己的操作系统，其中最著名的要数 IOS 和 Android 两大操作系统了。

我是专业中的专业！

IOS

IOS 是由苹果公司开发的，只可以用于 iPhone、iPad 等的操作系统，是苹果的专用系统。

我只适用于我自己的产品！

Android

Android 是由美国谷歌公司开发的，适用于多种客户端的操作系统，如三星手机、华为手机等。

我的适应性很强，适用于很多产品！

超级计算机，顾名思义，是具有高性能、高速计算能力、快速大容量存储部件的计算机。超级计算机是一个国家综合实力的象征，也是各个国家争相研发的项目。中国拥有多台超级计算机，都在各个领域创造了令人惊叹的成绩。随克克罗一起认识一下超级计算机！

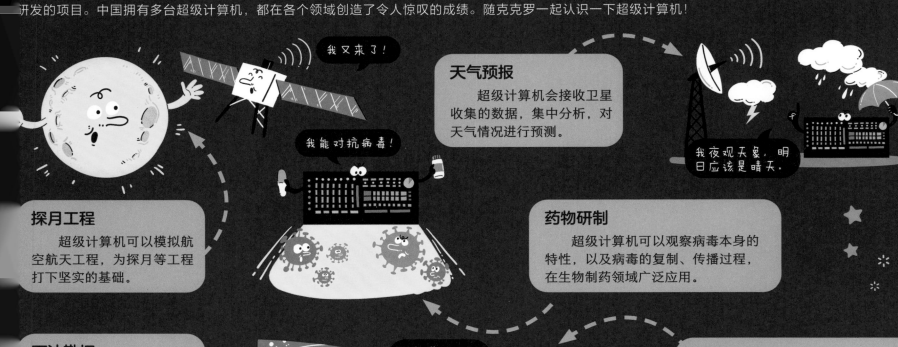

探月工程
超级计算机可以模拟航空航天工程，为探月等工程打下坚实的基础。

天气预报
超级计算机会接收卫星收集的数据，集中分析，对天气情况进行预测。

药物研制
超级计算机可以观察病毒本身的特性，以及病毒的复制、传播过程，在生物制药领域广泛应用。

石油勘探
超级计算机可以准确测定矿藏数据，为石油勘探提供可靠依据。

天体模拟
超级计算机会根据天文望远镜采集到的信息，进行一系列的天体模拟，供科学家研究。

汽车和飞机的制造
超级计算机可以对汽车、飞机等燃料的消耗和整体的结构设计进行预测和试验，提高驾驶员和乘客用车时的安全性和舒适度。

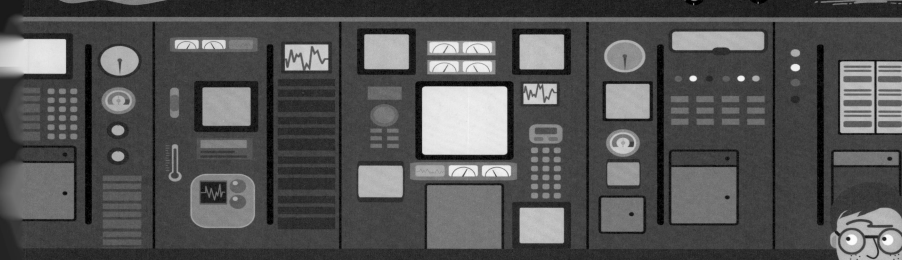

了不起的中国科技

目前，世界上运算核心最多的超级计算机是中国自行设计的"神威·太湖之光"超级计算机。它的峰值运算能力达到 12.5 亿亿次／秒，一度成为世界之最。全球 72 亿人同时用计算器不间断计算 32 年的计算量，"神威·太湖之光"用 1 分钟就能算完。

2016 年，"神威·太湖之光"为中国的科研项目赢得了国际高性能计算应用领域的最高奖——戈登贝尔奖，树立了中国高性能计算机发展史上的里程碑。2017 年 6 月，"神威·太湖之光"再次凭借"超级速度"出现在全球超级计算机 500 强榜单

什么是互联网？

互联网泛指由若干计算机网络相互连接而成的大型网络。因特网是最大的互联网，又叫"国际互联网"，它将分布在全球的计算机网络连接在了一起。通过它，我们坐在家里就能随时知晓全球大事。

互联网上的每台电脑都有一个编号，这个编号叫 IP 地址。

在互联网上，与我们关系最密切的就是网络社交。网络社交能让我们通过社交软件与世界各地的人交流，极大地缩短了人与人之间的距离。

在互联网上，我们可以通过电子邮件、QQ 等多种方式收发文字、图片、音频、视频等各种信息。

互联网和航空航天事业的关系也很密切，人造卫星等航天器会采集大量的航空航天信息，互联网会对这些信息进行处理，并送至各个行业。

1G 到 5G，都有什么变化？

在 2020 年的两会上，有一个热点词引起了社会的关注，那就是"5G"。你知道 5G 是什么吗？还有之前的 2G、3G 和 4G 都是什么呢？现在就让克克罗为你一一讲解。

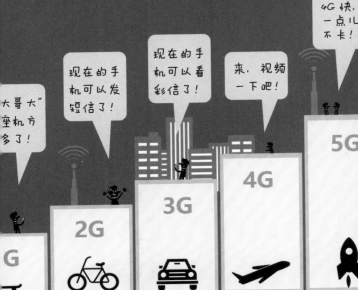

5G 指的是第五代移动通信技术。

1G 时代
1G 时代最有代表性的就是像砖头一样的"大哥大"。但由于它体积大，不便携带，且价格高，大部分人仍会选择使用座机。

2G 时代
进入 2G 时代后，因为可以用一个专用芯片取代上百个旧芯片，所以手机变小了，更省电，还可以方便地收发短信。

3G 时代
3G 可谓通信技术的分水岭。进入 3G 时代后，我们使用的手机是彩屏的，且可以浏览网页。另外，支持 3G 网络的平板电脑也是在此时出现的。

4G、5G 时代
如今，我们正处于由 4G 向 5G 过渡的时代。相比于 3G，4G 的网速已经很快了。5G 的网速是 4G 网速的数百倍，巅峰网速可达 10GB/s！

微软创始人——比尔·盖茨

微软公司是 1975 年由比尔·盖茨和保罗·艾伦创立的，是美国一家以研发、制造计算机软件为主的公司。

> 我创立了微软公司！

比尔·盖茨从小就是个有想法的孩子，父母为了让他接受更适合他的教育，将他送到了西雅图湖滨私立中学学习。

在这里，盖茨迷上了计算机，并遇见了他未来的工作伙伴保罗·艾伦。

读书期间，盖茨和艾伦对计算机的热情始终有减弱。

> 这个程序快编完了！

> 再测试几次就可以了！

1973 年，盖茨以资优生的身份考入哈佛大学学习法律，但他仍然保持着对计算机的热爱。

> 我还是喜欢编程！

1975 年 1 月，世界上首款个人计算机 Altair8800 出现在杂志上。当盖茨了解到它的功能极其有限时，就联系到了它的创造者罗伯茨，想为它编写程序。

> Altair8800 需要一个灵魂！

但是罗伯茨却说，每天给他打电话人太多了，谁拿着写好的程序去找他，就相信谁。

> 我只相信真正做到的人！

> NO!

从那之后，盖茨和艾伦夜以继日地编写程序。整整 8 个星期，他们从未停歇。

> 坚持住！

> 不能让别人小瞧了我们！

> 这下可真是扬眉吐气了！

> 我们说到做到！

终于，他们成功编写出了 BASIC 编程语言，有了它，Altair8800 终于成了一台有用的计算机。

当盖茨和艾伦在为罗伯茨开发软件时，他们就已经以微软的名义运作了。1976 年，微软公司正式注册。

> 我们的创业之路开始了！

几年后，微软公司成为世界上最大的计算机软件公司，而盖茨也成了世界上最富有的人之一。

> 微软开发的 Windows 系统绝对是最方便的！

战胜了人类的人工智能机器人——"阿尔法围棋"

你知道大名鼎鼎的人工智能机器人"阿尔法围棋"吗？它是美国谷歌公司旗下的 DeepMind（深度思维）团队开发的一款人机对弈的围棋程序，曾经败过世界围棋大师，震惊世界。但是没有哈萨比斯就没有阿尔法狗，让克克罗给你讲讲他们的故事吧。

下国际象棋锻炼了我的思维！

哈萨比斯曾经是个国际象棋天才少年，他 13 岁时就达到了"棋联大师"的等级。

我对编程也很感兴趣！

同时，他还是个编程天才，8 岁就编写出了属于自己的游戏程序。

我终于实现了我的梦想！

DeepMind

长大后，哈萨比斯和朋友一起创建了一家叫"DeepMind"的公司。

DeepMind 公司一直致力于开发人工智能。

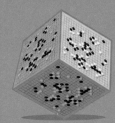

哈萨比斯上大学时，IBM 研发的深蓝系统打败国际象棋冠军的事给他带来了极大的冲击。于是，他要给围棋写一个程序。

没错，他写出的这个围棋程序就是大名鼎鼎的"阿尔法围棋"。

AlphaGo

2016 年 3 月，"阿尔法围棋"与围棋世界冠军、职业九段棋手李世石进行了一场围棋大战，并以 4 比 1 的总分获胜。

AlphaGo

Lee Sedol

AlphaGo	出生年份	Lee Sedol
2015	出生年份	1983
4	赛事比分	1

围棋界公认"阿尔法围棋"的棋力已经超过人类职业棋手的围棋水平。

"阿尔法围棋"的出现意味着我们在人工智能领域已经有了很大的进展。

这场围棋大战被"典赞·2016 科普中国"活动列为 2016 年十大科学传播事件之一。

AlphaGo

无人机来了

机械王国里有一个"小精灵"：在军队里，它主要负责侦察敌情、收集情报，是个神出鬼没的侦察兵；在生活中，它可以航拍摄影、送快递……充当我们的眼睛和翅膀，是个勤劳能干的好帮手。这个"机械小精灵"就是无人机！一起探寻藏在它身上的秘密吧！

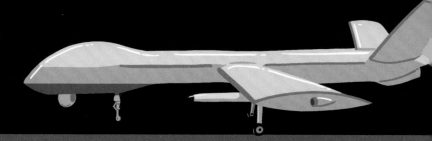

无人机的发展史 >>>

原来无人机已经有 100 多年的历史了！

1914 年，两位英国将军卡德尔和皮切尔想要研制一种可以自主飞行的导弹。两人进行了多次试验，都以失败告终。

它最好可以自己飞到天上去！

我们想从空中消灭敌人。

我不想失败！

1917 年，英国飞机设计师杰弗里·德·哈维兰研制出了第一架由无线电遥控的飞机，但在首飞时因电路着火而坠毁。

1917 年，美国研制出了可以装载 136 千克炸的斯佩里空中鱼雷无人机。只是，它并没有参与战争因为那时候第一次世界大战已经临近尾声了。

我可以持续飞行 80 千米！

快看，我可以绕圈！

1935 年，英国研制出了全木结构，且可以飞回起点的蜂王号无人机。

20 世纪 30 年代，美国设计师金纳德研制出了无线电遥控无人RP-1，后被美军大量采购，改制成机（空中演习时当靶子用的无人驾驶飞机）。

1944 年，德国工程师弗莱舍设计出复仇者 1 号无人机，其被认为是当代巡航导弹的先驱。

我的速度可达 3560 千米／时！

我可以搭载 900 多千克的导弹！

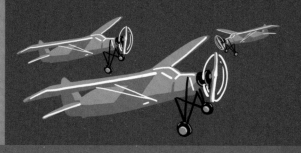

二战后，美国开始大力发展无人机。1964 年，美国洛克希德公司研制出了 D-21 无人侦察机。这架无人机能够在高空中高速飞行。

20 世纪 90 年代，美国通用原子公研制出了捕食者无人侦察机，用来为区指挥官提供情报。

我是侦察兵！

我的外形和你们不一样！

2005 年，美国研制出了火力侦察兵无人直升机，它可以在战舰上自行起飞。

属于我们的时代来了！

随着军用无人机能的完善，21 世纪人机开始全面负责空侦察等任务，正式进大发展时期。

我比你们都小巧！

与此同时，由于无人机技术的不断成熟，民用无人机也于 21 世纪初期诞生了，主要用于航拍摄影、地理测绘等方面。

如今，无人机不仅广泛应用于军事、科研领域，还逐渐走进了寻常百姓家，给我们的生活带来了很多乐趣。

去！帮我看看大山背面有什么。

带你见识军用无人机

无人机最早应用于军事行动。在军用无人机领域中，"捕食者"凭借超强的续航能力和搭载能力，成为各个国家军用无人机争相模仿的对象。接下来，我们就以"捕食者"为例，看看军用无人机的构造吧！

卫星通信天线

使用的通信波段（把无线电波按波长不同而分成若干个波段）是KU波段（频率在12~18GHz的无线电波波段）。

KU波段卫星传感器、处理器组件

处理捕食者无人机发出和接收的KU波段信息，便于地面控制站发出和接收信息。

机翼

翼展可达14.8米。

尾部燃料电池组

与头部燃料电池组对应，平衡质量。

V形尾翼

可以给捕食者无人机提供更好的稳定性。

螺旋桨

快速旋转的螺旋桨为捕食者无人机提供升力。

尾舵

掌控着飞行方向。

发动机

驱动机身，为无人机提供前进的推力。

头部燃料电池组

用于增加续航时间。

冷却散热组件

可以提高机身冷却散热率，避免因组件过热而引发事故。

相机传感器阵列

包括摄像机和激光测距机，主要负责收集图像、视频等信息。

航空电子设备

包括GPS（全球定位系统，通过导航卫星对地球上任何地点的用户进行定位并实时的系统）、雷达等电子设备，主要负责通信导航。

捕食者无人机不愧是军用无人机中的佼佼者！

克克罗 TIME 时间

捕食者无人机重512千克，机上用于监视侦察的有效载荷为204千克。它可以对敌方实施长达24小时的监视。

军用无人机怎么执行任务？

军用无人机身上的"秘密武器"可真不少，但是如果要完成侦察、攻击等任务，还要给它搭载很多设备。它执行任务的时候，都会带上什么装备呢？

武器装备

无人机的底部会被安装上空对空导弹、便携式导弹等武器，用于执行各种攻击任务。

雷达

除了红外热成像仪，无人机的头部还能安装雷达。雷达的工作原理跟红外热成像仪不同，它先向目标发射电磁波，然后接收反射回来的信号，进行适当处理后就能获取目标的相关信息。雷达能够穿透云雾，以高分辨率进行大范围成像，是不是很酷？！

适用于全黑或恶劣环境中。

它还能实现24小时全天候监控呢！

红外热成像仪

无人机的头部可以安装红外热成像仪。红外热成像仪能够利用目标的红外热辐射，将隐藏的目标转化成我们肉眼可见的红外热图像。所有高于绝对零度（热力学温标的零度，就是-273.15℃）的物体都会发射红外热辐射，因此在红外热成像仪的帮助下，无人机所到之处，几乎所有的隐藏目标都无处遁形。

地面控制站是整个无人机系统的作战指挥中心，主要控制无人机的飞行过程，对其进行通信导航、制订作战计划等。军用无人机的地面控制站都是可移动的，控制站内有一名负责规划无人机任务的指挥官，以及一名飞行操作员和一名武器系统控制员。

你身边的"小飞侠"
——民用无人机

民用无人机是活跃在我们身边的"小飞侠"。在民用无人机里，最常见、应用范围最广的要数多旋翼无人机。下面，克克罗就以它为代表，讲讲民用无人机身上的"机关"。

多旋翼无人机

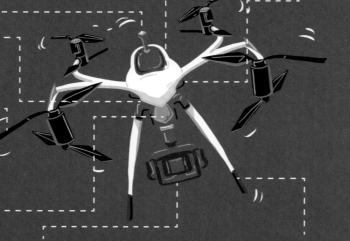

GPS

接收 GPS 卫星导航位置信息，进行无人机位置定位。

机 架

承载其他组件的安装。

电 池

为无人机提供电力，保证它能够持续飞行。

电 机

为螺旋桨旋转提供动力。

螺旋桨

为无人机提供升力。

减震装置

减轻无人机在飞行时受到的气流波动。

云 台

用来安装、固定相机或摄像机的支撑设备。

脚 架

缓冲无人机落地时的冲力。

遥控器

电源指示灯

显示无人机的电量。

天 线

接收无线电信号。

升降舵 / 方向舵

控制无人机的前后平移和旋转。

LCD 面板

显示无人机的相关数据。

油门 / 副翼操纵杆

控制无人机的上下飞行和左右平移。

通信频段

是什么把无人机和遥控器连接起来的呢？是无线电。无线电分不同的频段。什么是频段？频段是把无线电波按频率不同而分成的段。那么，频率又是什么呢？

频率是物体每秒振动的次数。发声的物体振动得慢，音调低；发声的物体振动得快，音调高。

我这音调好高呀！

我这音调太低了！

频率的单位是赫兹（Hz），比如物体在 1 秒钟振动了 100 次，它的频率就是 100 赫兹。多数人能听到约 20 赫兹到 20000 赫兹频率范围的声音，但是很多动物对声音的敏感度都比人类要高。

单位：Hz

发声频率

听觉频率

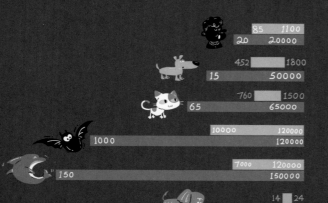

	发声频率	听觉频率
黑猩猩	85 — 1100	20 — 20000
狗	452 — 1800	15 — 50000
猫	760 — 1500	65 — 65000
蝙蝠	10000 — 120000	1000 — 120000
海豚	7000 — 120000	150 — 150000
大象	14 — 24	1 — 20000

一般适合无人机使用的频段大致包括 2.4 吉赫（GHz）、5.8 吉赫和 1.2 吉赫（1 吉赫 =10 亿赫兹）。这 3 个频段满足了不同类型无人机的工作需要。

2.4 吉赫

2.4 吉赫主要用于需要进行高速传输任务的民用无人机。

5.8 吉赫

5.8 吉赫这个频段利用率较高，适合进行航拍摄影的民用无人机使用。

1.2 吉赫

1.2 吉赫较为特殊，仅适合政府和军方无人机使用。

克克罗小课堂

多旋翼无人机是怎么飞起来的？

想不到多旋翼无人机的身上藏着这么多"机关"！但这些"机关"想要发挥作用，得先让多旋翼无人机飞起来才行。你知道它是怎么飞起来的吗？

1

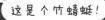

这是个竹蜻蜓！

我们以竹蜻蜓为例。竹蜻蜓和多旋翼无人机一样，都是由主轴和旋翼组成的。

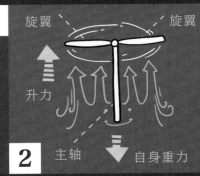

旋翼　旋翼

升力

主轴　自身重力

2

双手搓动竹蜻蜓的主轴，两个旋翼就会沿着搓动的方向转动，同时给竹蜻蜓提供向上的升力。竹蜻蜓获得的升力大于自身重力时，就可以飞起来了。

3

升力

自身重力

上升一段时间以后，受空气阻力的影响，旋翼转速减慢，升力减小，竹蜻蜓获得的升力小于自身重力，就会逐渐下降，最后跌落至地面。

又是一场升力和重力的较量！

多旋翼无人机的飞行原理和竹蜻蜓一样，当用遥控器使它的旋翼加速转动时，旋翼就会给它提供向上的升力。当多旋翼无人机获得的升力大于自身重力时，它就飞起来了。

升力

自身重力

升力

自身重力

如果使多旋翼无人机的旋翼保持在一定转速，它获得的升力等于自身重力，多旋翼无人机就会在空中悬停。

5

原来，多旋翼无人机之所以能够起降、悬停，秘密都在它的旋翼上！

重力　升力

当多旋翼无人机的旋翼减慢转速时，它获得的升力就会变小，等升力小于自身重力的时候，多旋翼无人机就会慢慢降落。

我们不一样
——五花八门的动力系统

我们可以对无人机进行全程操控，其依靠动力系统进行飞行活动。那么，是谁在给它提供动力呢？

油动系统

油动系统主要利用燃油燃烧时产生的动力带动发动机工作，从而为无人机提供动力。常见的燃油类发动机有涡轮风扇发动机和燃油发动机。（涡轮风扇发动机是一种燃气涡轮发动机，其耗油率低、噪声小，是当前民航飞机的主要动力装置。）

燃油发动机

以燃油发动机为动力的无人机，载重为 15 千克以上，约等于 1 只柯基犬的体重，续航时间可达 2 小时。使用燃油发动机的无人机一般为无人直升机，主要应用于喷洒农药等方面。

涡轮风扇发动机

以涡轮风扇发动机为动力的无人机一般为固定翼无人机，主要应用于军事、警用等方面。以中国自主研发的翼龙Ⅱ无人机为例，它的最大起飞质量达 4.2 吨，约等于 3 辆家用轿车的质量，可实现 20 小时续航。

电动系统

电动系统主要利用电池产生的电能为无人机提供动力。电池的种类有很多，如镍镉电池、锂聚合物电池等。由于锂聚合物电池的质量较轻、安全性较高，所以民用无人机大多会使用锂聚合物电池。

锂聚合物电池

以锂聚合物电池为动力的无人机载重为 3～5 千克，约等于 1 个新生儿的体重，续航时间不超过 40 分钟。使用锂聚合物电池的无人机一般为民用多旋翼无人机，主要应用于航拍摄影等方面。

民用无人机都能干什么?

民用无人机体积小、速度快、成本低，随着性能不断完善，能为我们提供的服务也越来越多，如电力巡检、航测……还能干什么呢？别急，听我慢慢道来。

电力巡检

用于巡检的民用无人机配有定点功能、精细的图像处理和图像分析系统，可以按照制定好的路线飞行，并收集分析数据，供巡检人员分析。它采集的信息更全面、更准确，工作效率和安全性更高。

用你巡检实在太方便了！

轻便的包裹就交给你了！

喷洒农药和播种

民用无人机能利用垂直喷洒装置将农药或种子准确喷洒到作物或土地中。虽然它体形较小，只能负载 8 ~ 10 千克的农药或种子，但可以节约人工成本，提高作业效率。

送快递

利用 GPS 自控导航系统、无线信号收发装置以及各种传感器，民用无人机可以自动将货物配送到偏远地区，比人工配送的效率更高，也更安全、更方便。

效率更高了！

测绘结果也更直观了！

地理测绘

民用无人机在进行地理测绘的时候，先用高精度的 GPS 设备定位，再用高分辨率的专业测绘相机收集测绘数据。有了它的帮助，测绘人员很快就能够绘出无死角、更准确的地图。

航拍摄影

民用无人机采用高分辨率的数码相机、红外扫描仪等设备收集图像和视频。用它来航拍，能够在更广阔的视角中得到更逼真的画面，同时又节省了人力和物力。

它可以满足你的飞行梦！

现在很多民用无人机都应用了 VR 技术，即虚拟现实技术。当你戴上 VR 眼镜操控民用无人机起飞、降落时，你将会身临其境般地体验到飞机垂直起飞、降落带来的刺激感！

你知道民用无人机的飞行禁区吗?

民用无人机真强大！可以代替我们去那么多地方拍摄美景，这是不是就意味着它能够想飞到哪儿就飞到哪儿呢？那可不行哦，无限制的自由可是很危险的！

高压电

1 不可以在危险区域飞行。

民用无人机虽然小巧，但也要遵守飞行规则哦！

民用无人机的飞行规则是什么？

3 不可以私自使用无人机进行喷洒作业。

4 不可以在距机场5千米以内的区域飞行。

5 不可以在人群密集的区域飞行。

6 无人机外部不得私自悬挂物品。

7 不可以在阴雨天飞行。

无人机在人群密集的地方飞行太危险了！

8 不可以在化工厂附近飞行。

2 不可以在正在实施救援的地方飞行。

克克罗 TIME 时间

目前，很多国家都开始加强对无人机的监管，中国也不例外。2018 年，中国民用航空局运输司发布了《民用无人驾驶航空器经营性飞行活动管理办法（暂行）》，规范了民用无人机从事通用航空飞行活动的准入标准和监管要求。但是由于民用无人机体积小、速度快、飞行高度高，对它的监管依然存在难度。每个公民都应该自觉遵守规定，为监督民用无人机的规范使用负起责任，这也是爱国的表现。

克克罗小课堂

无人机的首飞

我猜你现在一定跃跃欲试，非常想操作无人机吧？我们就先来模拟一下吧！

要严格遵循无人机操作规则！

120米

1.选择晴朗、能见度高的天气。

2.飞行场地必须是空旷、无遮挡的区域，且必须远离人群、建筑群等。

3.双手不能离开遥控器，必须时刻保持对无人机的控制。飞行高度必须控制在120米以下。

二、无人机的启动与自检

1.将无人机放置在水平面上。

2.先开启遥控器电源，再开启无人机电源。当无人机的电源灯和指示灯亮了，就代表无人机进入自检状态。

3.在移动设备上下载相应的无人机操作APP（应用程序软件），并将无人机和APP无线连接好。

4.首次使用时，需要根据APP上的指示激活无人机。

三、指南针校准

5 ~ 10分钟

1.无人机完成自检后，需要进行指南针校准。此处校准建议使用APP中的自动校准模式。

2.校准过程中不可以移动无人机，整个校准过程需要5 ~ 10分钟。

完成了无人机飞行前的准备和检查,让我们赶紧来一场首飞吧！

1 **2**

先认识一下遥控器。

左摇杆，控制无人机的前后平移和旋转。

右摇杆，控制无人机的上下飞行和左右平移。

电源按键　智能返航键

认识了遥控器，请先将两个摇杆同时拉到最底部后向内侧移动，这时无人机的电机会启动。

起飞看看！

轻轻向上推动右摇杆，无人机就起飞了。

3 **4**

向右试一下！

尝试对无人机进行一些基本操作，比如前后移动左摇杆，无人机可以向前、向后飞行。

一定要安全降落！

完成操作后，需要找到合适的降落位置，将右摇杆拉到最底部，待无人机安全降落后，再关闭电源。

无人机在飞行过程中难免会遇到突发情况，一旦遇到突发情况该怎么应对呢？

无人机飞行时风力过大怎么办？

如果飞行时风力过大，应先将无人机降到合适高度，改为手动操作，之后尽快寻找合适的地点降落。

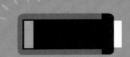

无人机悬停不稳怎么办？

如果无人机悬停不稳，可能是受指南针干扰导致的。此时，将无人机降落停稳后，重新进行校准即可。

移动设备电量过低怎么办？

如果移动设备电量过低，应直接执行自主返航操作，避免发生坠机。

遥控器与无人机之间的信号连接不稳定怎么办？

如果信号不稳定，应先让无人机保持悬停状态，再调整遥控器的天线，或者重新启动遥控器，以获得稳定的信号，恢复对无人机的控制。

了不起的"中国智造"
——大疆创新无人机

在无人机制造领域，也有中国的骄傲——大疆创新，它是中国创新的象征，也是中国"智造"的代表，客户遍布全球100多个国家，始终站在无人机制造领域的前沿。关于大疆创新的故事，还得从它的创始人汪滔说起……

汪滔还在香港科技大学读书的时候，就创办了大疆创新公司。

大疆创新刚创办的时候，因为条件艰苦，根本招聘不到优秀的人才，更不要说生产产品了。

不过，汪滔并没有气馁。公司创办的前两年，他和他的团队一直在深圳的一个简易民居中进行研发。

上天不负苦心人，他们终于在2008年研发出一套较为成熟的直升机飞行控制系统。

在通往成功的路上，汪滔走得很艰辛，其间，团队里的很多人都带着产品离开了。

幸好，汪滔的导师李泽湘给了他资金和人才上的支持。

2009年，大疆联合香港科技大学和哈尔滨工业大学推出了"珠峰号"无人直升机，并在全球海拔最高的寺庙——西藏绒布寺附近完成了测试。这是人类空中机器人第一次对世界第一高峰进行近距离航拍。

后来，汪滔和他的团队又开发出了多款无人机的飞行控制系统。

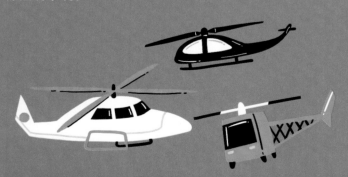

大疆真正的腾飞来自一次转型。当时，越来越多的人开始关注多旋翼无人机，这让汪滔和他的团队陷入了思考。

是继续做无人机配件还是改做整机？如果做整机，是做固定翼无人机还是多旋翼无人机？

最后，汪滔力排众议，果断拍板：就做多旋翼无人机！

在经历了反复的研发和试验后，大疆创新在 2012 年发布了全球第一款航拍一体机——"精灵"Phantom 多旋翼无人机。

2013 年，大疆又推出了全球第一款会飞的相机——"精灵"Phantom 2 Vision，不仅可以拍摄高清照片，还可以使用内嵌的 GPS 准确锁定高度和位置，稳定悬停。

2015 年，大疆又推出了可以实现 2 千米内高清图像传输，在无 GPS 环境中实现精准定位悬停和平稳飞行的第三代"精灵"Phantom。

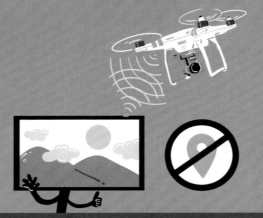

2018 年，大疆又发布了"精灵"Phantom 4 Pro V2.0，该无人机配备了更先进的图像传输系统和降噪螺旋桨。

一系列大疆无人机产品不断涌现，它们不仅丰富了人们的生活，还曾奔赴灾区救援，也因一次次出现在热播剧里而闻名全球。拥有"完美主义"思维的汪滔，带领着他的团队在无人机领域乘风破浪，披荆斩棘。

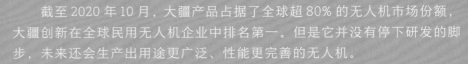

2018 年 8 月 23 日，大疆创新与瑞典传奇相机品牌哈苏合作，发布了 Mavic 2 Pro 无人机，又一次刷新了消费级航拍无人机的画质极限。

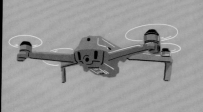

Mavic 2 Pro 拥有更强的稳定性，并装配了哈苏成像系统，相当于一部会飞的高清摄像机。

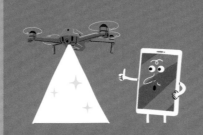

截至 2020 年 10 月，大疆产品占据了全球超 80% 的无人机市场份额，大疆创新在全球民用无人机企业中排名第一。但是它并没有停下研发的脚步，未来还会生产出用途更广泛、性能更完善的无人机。

潜艇来了

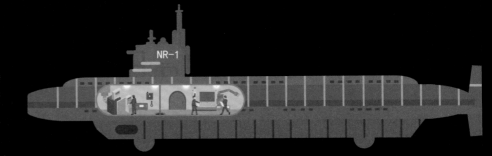

2020 年 11 月 10 日，中国的"奋斗者"号全海深载人潜水器深入马里亚纳海沟，创造了 10909 米的载人深潜新纪录，标志着中国在大深度载人深潜领域达到了世界领先水平。这是几代科研人员努力奋斗的结果。在水下机械制造领域，能告诉你的还有很多！

潜艇是怎么出现的？ >>

潜艇是可以在水下航行的舰艇。早期的舰艇主要用于探索水下世界，但随着作战要求的提升，潜艇的军事价值逐渐被发掘出来。

15 ~ 16 世纪，达·芬奇曾设想制造一艘"可以在水下航行的船"。

> 有没有可以在水下航行的船呢？

由于当时海盗猖獗，达·芬奇的设想无法得到大众的认可，所以他没有画出设计图。

> 我想设计一艘可以在水下航行的船！

> 你会被误以为是海盗的，还是放弃吧！

1578 年，英国数学家威廉·伯恩著书《发明与设计》，他在书中提出要设计一艘可以在水下航行的船。

> 这是我构想的潜艇原理图！

1620 年，荷兰工程师科尼利斯·范·德雷布尔利用木料和涂了油的牛皮，做了一艘可以潜到水下的小船。这艘小船需要 12 名水手划桨航行，这是早期的潜艇雏形。

> 我设计的船可以上浮下沉！

1775 年，美国独立战争期间，大卫·布什内尔建造了一艘单人驾驶，以螺旋桨为动力的木壳潜艇"海龟"号。"海龟"号可以在水下停留 30 分钟，潜深 6 米。

> 我曾尝试攻击英国海军，但失败了！

随着战争的爆发，各国逐渐认识到了潜艇的重要性，开始大力发展潜艇。直到今天，潜艇无论是动力，还是作战能力，都发生了翻天覆地的变化。

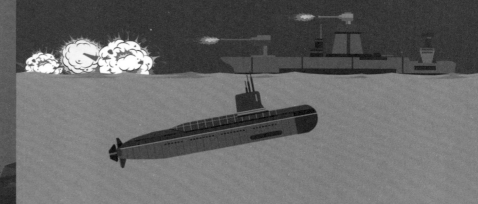

潜艇为什么能在水里沉浮自如?

我们都知道,潜艇的体积十分庞大,并且壳体材质为高强度钢,这样一个大块头,是怎么在水里轻松地上浮下沉的呢?想知道这些,你得先了解潜艇的浮沉原理才行!

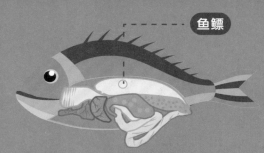

鱼鳔

有些鱼类体内有个名为鳔的器官,鱼鳔内含氮、氧、二氧化碳等混合气体,鱼可以通过控制鱼鳔的膨胀和收缩,来实现自己的上浮和下沉。

鱼鳔膨胀,我就上浮

鱼鳔膨胀时体积变大,充入空气,水对鱼的浮力因此增大,鱼就会上浮。(浮力是指物体在流体中受到的向上托的力。)

鱼鳔收缩,我就下沉

鱼鳔收缩时体积变小,体内的气体就会排出,水对鱼的浮力因此减小,鱼就会下沉。

潜艇正视图

潜艇内的压舱水箱就相当于鱼肚内的鱼鳔,潜艇通过控制舱内的水量,来实现浮沉。

潜艇侧视图

压舱水箱   压舱水箱

向压舱水箱中注入高压气,压舱水箱中的水就会被排出,对潜艇的浮力因此增大,潜艇会上浮。

向压舱水箱中注入水,压舱水箱中的空气就会被排出,水对潜艇的浮力因此而减少,潜艇就会下沉。

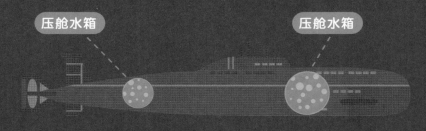

压舱水箱   压舱水箱

一般大型潜艇内部都会有多个压舱水箱。当潜艇需要下潜时,多个压舱水箱同时注入海水;当潜艇需要上浮时,多个压舱水箱同时排出海水;这样可以保证潜艇的整体平衡。

潜艇是如何长时间在水下航行的?

潜艇的体积比鲸大多了,那它是如何实现"悄无声息"航行的呢?

外壳构造

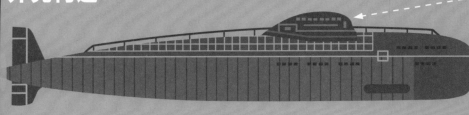

消声瓦

可以抑制噪声,降低潜艇声音目标强度,提高隐蔽性。

由于潜艇需要在水下长时间工作和航行,所以它的外壳一般都以高强度钢为材质。并且,潜艇外壳最外层会特意加贴一层消声瓦,以减少潜艇发出的噪声,保证潜艇可以在水下"隐身"。

柴油动力潜艇

柴油动力潜艇,也就是常规潜艇。柴油机工作的时候需要消耗许多氧气,所以每隔一段时间,潜艇就要浮上海面"透透气"。

核动力潜艇

核动力潜艇与常规潜艇的区别就是动力系统不同。核动力潜艇依靠核动力驱动航行,它最大的特点就是可以长时间在深海航行,续航能力接近无限。

原子核

原子核裂变的过程中,会产生大量的能量。

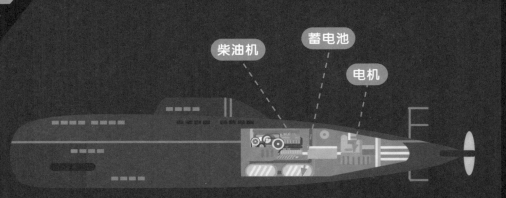

柴油机   蓄电池   电机

核潜艇到底长什么样?

今天,为了减小阻力,许多大型潜艇被设计成水滴形,整体构造也更加复杂精密。和常规潜艇比起来,核潜艇要复杂得多,它的内部就像一个复杂的迷宫

螺旋桨
潜艇产生动力的部分,也最容易产生噪声。

导弹舱
潜艇内存放导弹的地方。

舰桥
潜艇外部唯一凸出的部分,内有通信系统、感应器、潜望镜和控制设备。

指挥舱
艇长可以在指挥舱内对全艇下达命令。

军官居住舱
这是供军官居住的舱室。

机舱
内部装有驱动螺旋桨工作的设备。

鱼雷发射口
位于艇首的发射口,用于发射鱼雷。

壳体
如今大部分潜艇为双层壳,即外层壳体是非耐压舱,用于储水;内层壳体是耐压舱,用于保护人员与设备。

反应堆舱
这是安置核反应堆的舱室。

辅机舱
配置了汽轮发动机等辅助装置。

艇员居住舱
供艇员休息的舱室。

鱼雷舱
潜艇内存放鱼雷的舱室。

艇员餐厅
供艇员用餐的舱室。

潜艇有哪些武器装备?

现代潜艇主要用于军事作战,所以会装备许多很神气的武器,比如鱼雷导弹,看上去威风凛凛。

鱼雷

鱼雷是一种有推动装置,主要用于攻击水下舰艇的武器。鱼雷一般由位于艇首的鱼雷发射口发出,由与潜艇相连的导线控制,射程可达 16 千米,是目前潜艇最常用的武器。

火炮

如果有外来船只不听警告,执意靠近,潜艇就会用火炮来威胁它们:"快停下,不然我要开炮啦!"火炮一般安装在潜艇甲板上,以增强潜艇的火力。不过,安装了火炮的潜艇往往很不灵活,所以后来火炮渐渐从潜艇上消失了。

水雷

水雷是一种布设在水中,用于毁坏敌方舰船的爆炸性武器。早期的水雷有的利用鱼雷布置发射,有的挂在潜艇的艇身外,现代潜艇利用鱼雷管布放水雷。水雷具有价格低廉、威力巨大、布设简单、发现和扫除困难等特点。

巡航导弹

巡航导弹是一种以喷气式发动机的推力和弹翼的气动升力为动力的导弹,主要以巡航状态(恒速、恒高)在稠密的大气层内飞行。巡航导弹命中精准度高,摧毁能力强,射程为 2500 ~ 3000 千米,命中误差不大于 60 米,基本具有打点状硬目标的能力。

反舰导弹

反舰导弹是主要用来攻击水面舰船的武器,射程可达数百千米。反舰导弹最大的特点是适用于多种环境,而且可以搭载多种载具。

弹道导弹

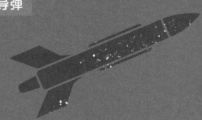

弹道导弹是一种在火箭发动机推力作用按预定程序飞行,发动机关闭后按自由抛物迹飞行的导弹。弹道导弹具有突防能力强、命中精准度高等特点。

潜艇的"眼睛"和"耳朵"

深海中的能见度是非常低的，几乎可以说是漆黑一片。潜艇要想安全航行，必须"耳聪目明"，要有能探测周边物体的声□（利用声波在水中的传播和反射，通过电声转换和信息处理进行导航和测距的技术）、可以测算航行轨迹的轨迹自绘仪等。

潜艇声呐

潜艇声呐是安装在潜艇两侧及艇首的一种电子设备，主要用于探测水中目标。它受噪声和振动的影响较小，能在多种作战任务中发挥作用。

陀螺罗经

陀螺罗经是潜艇上普遍装备的重要导航设备。陀螺罗经结构精密、指向精度高，不受地磁和潜艇运动的影响。

计程仪

计程仪是潜艇上装备的，用于测定潜艇航速并累计航程的设备。计程仪上显示的数据可直接供士兵观察和测绘航迹，也可以直接传输至卫星导航仪等导航设备，作为潜艇定位、避碰等作业所需要的数据。

航迹仪

航迹仪装备在潜艇上，可以根据输入的起点和经纬度等数据，自动推算出潜艇的实时位置，这样潜艇就不会在漆黑的深海中迷路了。

除了以上电子设备系统，在潜艇的舰桥中还装备了大量的设备，比如雷达装置、无线电通信装置、潜望镜等。

深海里的救援英雄——搜救潜艇

核潜艇动力十足，能装载许多先进设备，在水下长时间航行。所以，它不仅可以用于军事作战，还是个"多面手"，能在科研、搜救等方面发挥巨大作用。就拿 NR-1 号潜艇来说，它在搜救潜艇中可以说大名鼎鼎，几乎没有人不知道它的光辉事迹。

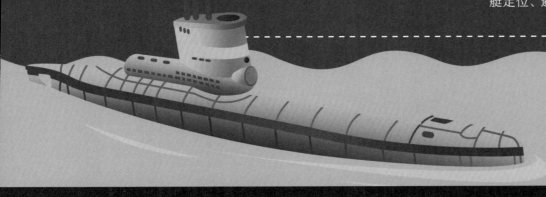

报告，发现目标！

准备打捞！

NR-1 号潜艇全长 41.8 米，排水量 400 吨，是隶属美国海军的世界上最小的核潜艇。

NR-1 号潜艇的底部装有供海底行动的轮子，艇上还装备了外部照明灯、摄像机以及一只遥控机械手和取样装置，可以连续 20 天进行水下作业。

NR-1 号潜艇可以执行多种不同类型的任务，如海洋研究、水下搜索、打捞回收等，作业深度可达 700 多米。

1995 年，NR-1 号潜艇和它的支援舰艇完成了对沉没在希腊近海的泰坦尼克号姐妹船不列颠尼克号残骸的打捞工作。

潜艇内的生活

潜艇内的生活舱是艇员们的生活场所，是专供艇员居住与休息的舱室。由于潜艇的舱室空间非常紧张，因此生活舱十分拥挤。参观一下艇员们的生活舱吧！

潜艇内的住舱是艇员的住宿区域，一般采用上下铺形式，集中布置。有的潜艇上甚至设置了可拆卸的吊铺，休息时装上，不休息时拆下，十分方便。

潜艇出航的时间一般会很长，所以，必须带上足够的食物。冷库里也会保存一些容易储存的罐装食物。

> 报告，前方没有异常情况！

> 休班就应该好好放松一下！

由于潜艇的隐秘性，艇员们无任务时不能随意走动，一旦战斗警报拉响，他们必须迅速到达各自的战斗岗位。因此，艇员的住舱必须尽可能地接近战斗岗位。

> 轮到我去值班了！

> 现在真是舒服，都可以洗澡了！

为了减轻艇员的心理压力，一般大中型潜艇上会有供艇员健身的器械和阅读书刊的图书馆。

艇员的艰苦生活

虽然现在潜艇上的生活条件越来越好了，但和我们的日常生活比起来，艇员们的生活条件和工作环境还是很艰苦的，让我们向他们的勇气和责任感致敬！

> 太热了！

> 都35℃了，受不了了！

高温

潜艇出海时，各个船舱均处于密闭状态，舱内空气属于内部循环，且舱内有很多精密仪器，潜艇内部温度通常在30℃以上。在这种高温状态下，每一个值班艇员都要工作达6个小时。

> 自由呼吸都是件奢侈的事！

缺乏新鲜氧气

为了维持艇员的正常生存环境，潜艇一般会配备制氧装置。但由于潜艇内空间狭小，且艇员数量较多，只能按照人类生存所需的最佳比例不断补充氧气，避免艇员们的生命受到威胁。

> 任务完成了，可以吃新鲜的蔬菜了！

新鲜食物匮乏

潜艇每次出航都需要数十天，潜艇内部的冷库空间有限，无法长期保存新鲜蔬菜，所以在航行后期，艇员们往往只能吃罐装食物。

身心考验

在出航期间，艇员们过着与世隔绝、暗无天日的生活。长时间处于密闭、狭小的空间里，对人的生理和心理都是巨大的挑战，因此艇员不仅要忍受潜艇上的高强度工作，还要耐得住深海航行的寂寞。

> 一片黑暗！

> 我们都习惯了！

> 连跑都不行，要求太严格了！

> 嘘，不可以跑！

不可以制造噪声

潜艇作为深海的隐形武器，在执行任务时必须减少噪声。因此，潜艇上的很多设备都包裹了降噪材料。同样，艇员在潜艇内活动时更要保持安静。

海底两万里

大于潜艇还有一个民者名的故事，那就是法国作家儒勒·凡尔纳创作的长篇小说《海底两万里》，书中所展现的海底世界壮阔、美丽，令人叹为观止。

1866 年，海上发现了一个疑似独鲸的大怪物，许多经过这片海域的商都被它攻击了。

为了抓捕这只怪物，几个国家决定联合起来组织远征小队，并邀请了著名的动植物学家阿罗纳克斯教授一同前往。

远征小队邀请我一起搜寻怪物，我一定要去看看！

就这样，阿罗纳克斯教授带着助手跟随远征小队出发了。

希望这一趟一切顺利吧！

在追捕过程中，阿罗纳克斯教授和手，以及鱼叉手尼德·兰因风浪太，不幸落水。三人正好落在了怪物的上，晕了过去。

救救我们啊！

救命啊！

三人醒来后，发现他们被怪物抓获了，顿时惊慌失措。

我也不知道，我们要随机应变啊！

教授，这是什么啊？

突然，怪物头上打开了一扇门，一个人从里面爬了出来，并邀请他们三人进去。

谁？这怪物里竟然有人！

来，进来吧！

三人进入后，见到了尼摩船长。尼摩船长告诉他们，这是一艘名为"鹦鹉螺"号的潜艇，他一直都生活在潜艇中。接下来，尼摩船长邀请他们一起去海底探险。阿罗纳克斯教授接受了他的邀请。

我是尼摩船长，我真诚地邀请你们和我一起去海底探险！

乘坐一艘潜艇去探险？这种经历真是太特别了！

他们从太平洋出发，经过珊瑚岛、印度洋、红海、地中海、大西洋，看到了深海世界中许多罕见的生物和奇异景象，途中还经历了搁浅、鲨鱼袭击、冰山封路等险情。这趟海底之旅真是太精彩了！

海底世界可真美啊！

也不知道尼摩船长怎么样了。

希望他平安无事吧！

但是，"鹦鹉螺"号在穿越北冰洋时遇到了可怕的风暴，慌乱中教授三人利用小艇逃了出来。

回到家中的教授决定将这次神奇的经历写成书，而此时尼摩船长和"鹦鹉螺"号也许仍在继续航行着。

这次探险真是令人难忘啊！

生活中的机械

无论在哪儿都能看到各种各样的机械，我们的生活已经被机械包围啦！生活中的机械随着科技的进步越来越丰富，我们的生活也越来越离不开它们。

便捷的生活

新的一天开始了，一起去看看家用电器都在干什么吧！

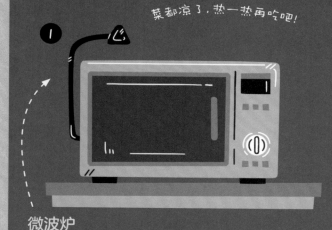
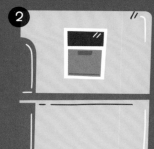

微波炉

微波炉的炉腔内有一个微波发射器，可以发射高频率的电磁波，电磁波振动时可以产生高温，从而加热食物。

电冰箱

电冰箱的制冷剂是环保的碳氢制冷剂，它在沸腾时可以吸收周围的热量，降低冰箱内的温度，起到保鲜食物的作用。

吸尘器

吸尘器内部装有电动机，电动机工作时会带动叶片高速转动，从而产生空气吸力，吸附地面上的灰尘和垃圾。

空调

空调的制冷剂为 R410A 混合制冷剂。当制冷剂变为液态时，会释放大量热量；当制冷剂变为气态时，会吸收大量热量，从而达到升温、降温的目的。

我能让你凉爽过夏天！

④

啦啦啦，饭好啦！香喷喷！

⑤

电饭煲

电饭煲内部装有一个发热盘，发热盘工作时会直接加热内锅，将锅内的米饭煮熟。

⑥

我是烧水小能手！

电热水器

电热水器筒内装有加热管，当加热管工作时，可以快速地将电热水器内的冷水加热到指定的温度。

QUECRO

我这张大嘴巴专"嚼"脏衣服。

⑦

滚筒洗衣机

滚筒洗衣机内装有电动机，电动机工作时带动滚筒转动，筒内的衣服就会不断被提升、摔打，清洗干净。

脏东西，跟我走！

⑧

坐便器

坐便器内装有水箱，按下按钮或向下旋转扳手，水箱内的水会被施以高压，将排泄物冲入下水管道。

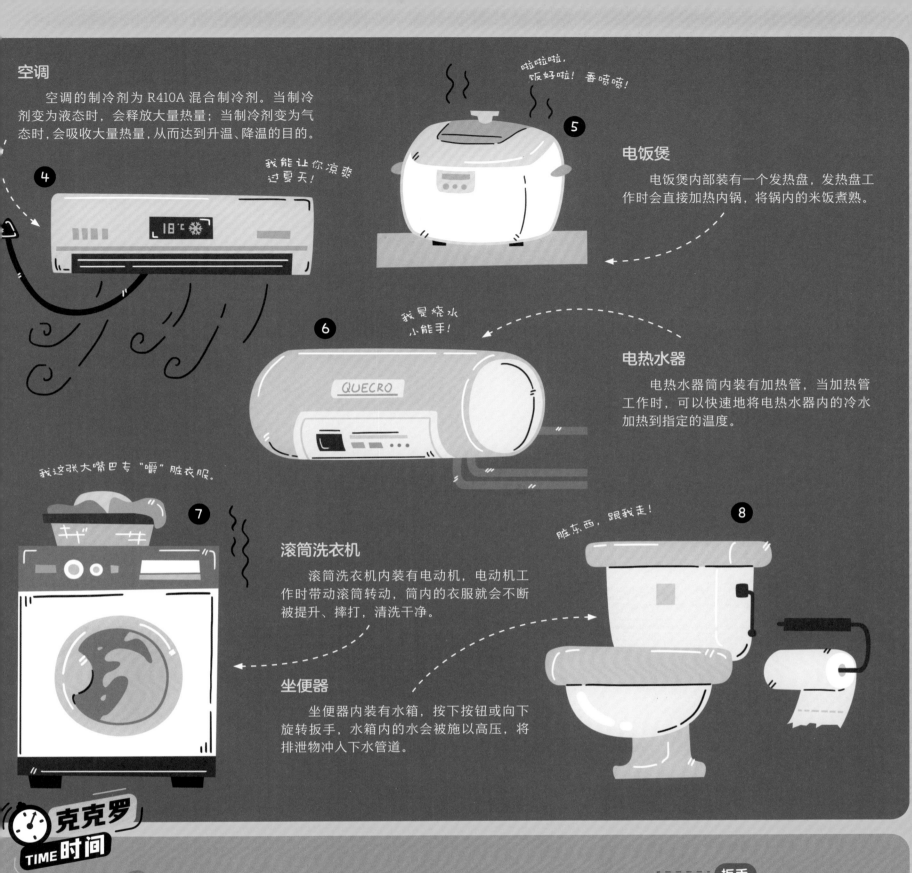

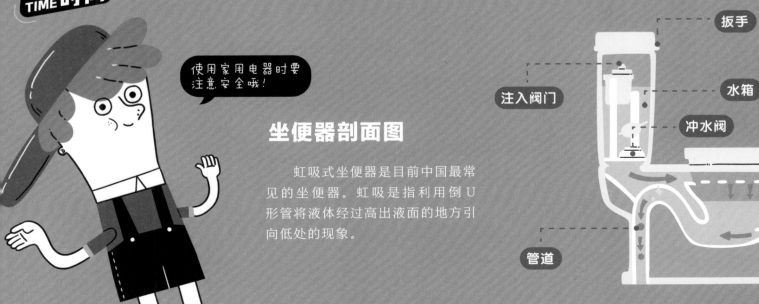

克克罗 TIME 时间

使用家用电器时要注意安全哦！

坐便器剖面图

虹吸式坐便器是目前中国最常见的坐便器。虹吸是指利用倒 U 形管将液体经过高出液面的地方引向低处的现象。

扳手

注入阀门

水箱

冲水阀

管道

喧闹的工地

咦，工地上已经开始工作了？这么多造型奇特的工程车，简直像个机械王国，太酷啦！
时间还早，我们正好可以去看看这些钢筋铁骨的大力士是怎么工作的！

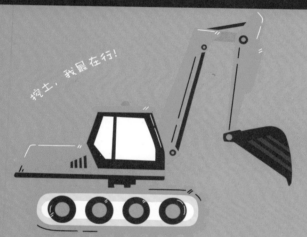

挖掘机

挖掘机最重要的装置就是它前方的铲斗，利用铲斗可以挖掘较为坚硬的石料、渣土等。

混凝土搅拌输送车

混凝土搅拌输送车是远距离输送混凝土的专用车辆。它有一个可以不断低速转动的搅拌筒，避免运载的混凝土凝固。

塔式起重机

塔式起重机有一个巨大的吊臂，用来起吊施工用的钢筋、混凝土、钢管等较重的原材料。

④

推土机

推土机前方有一个巨大的铲子，可以运输大量土石，或是挖掘坚硬的土地。

工人叔叔，我带你去高处！

放下铁锹，让我来！

⑤

施工升降机

施工升降机上有一个吊笼，吊笼可以将人和物沿着固定轨道运送至较高位置，完成施工作业。

⑥

工地的运输作业都归我！

翻斗车

翻斗车车身上装有一个斗状的装置，驾驶员可以通过操作液压举升机构（利用液体来传递压力，从而将物体托起的机械装置）来翻转车厢，倾倒沙石、煤炭和矿石等。

翻斗车剖面图

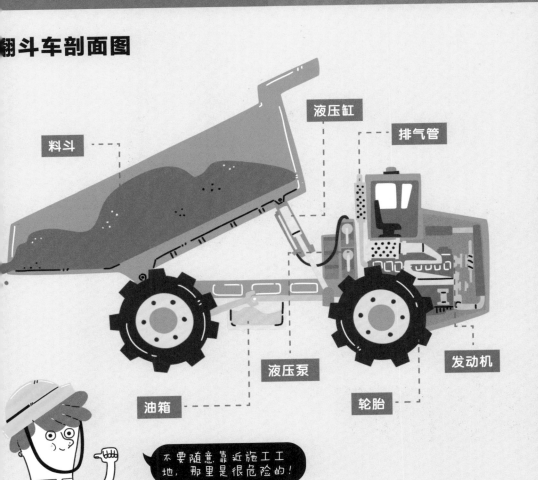

料斗

液压缸

排气管

油箱

液压泵

轮胎

发动机

不要随意靠近施工工地，那里是很危险的！

⑦

螺旋打桩机

螺旋打桩机的电机工作时，会带动钻杆以螺旋的方式快速转动，从而钻入地下。

我能给高楼大厦打地基！

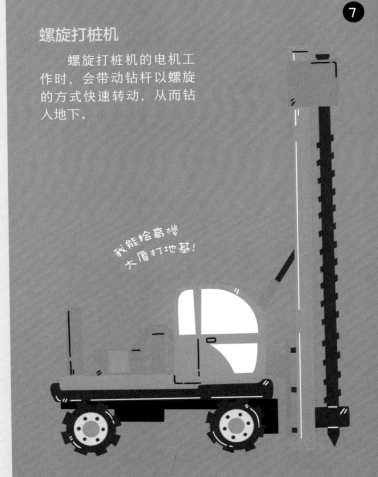

工地道路不平，且翻斗车卸料需要就位准确、迅速，所以翻斗车在工地上的行驶速度必须低于 20 千米 / 时，跟我们平时骑自行车的速度差不多。

克克罗 TIME时间

新奇的商场

商场里都有哪些机械设备呢？一起去看看吧！

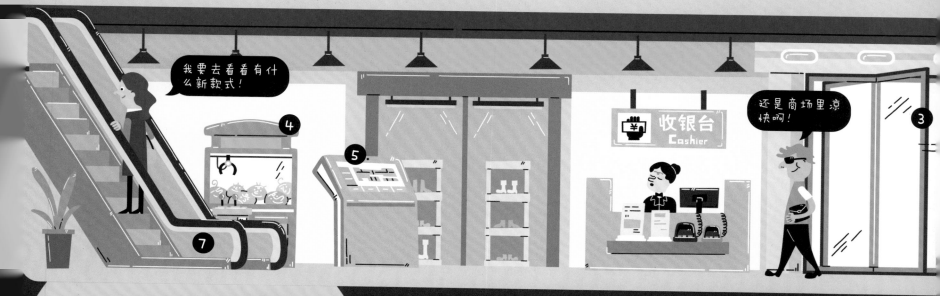

自动取款机

自动取款机是利用智能识别系统实现金融交易的自动电子设备。它可以帮助人们轻松办理取现、转账等业务。

驾驶式扫地车

驾驶式扫地车是以蓄电池为动力，具有扫地、吸尘、洒水功能的室内清扫车，只需一个人驾驶，就可以清扫商场、超市的地面。

自动旋转门

要和我保持一定的距离，我才可以运行！

自动旋转门拥有灵敏的感应系统，当有人靠近它时，它会匀速转动。但是，如果有人靠得太近，它会立即停住，避免有人被卡在门中间。

快来试试吧！

娃娃机

❹

娃娃机是一种自动售货机，当你投入钱币后，你需要控制机械手臂抓取娃娃。抓娃娃可是需要一定的技巧和运气的哟！

我可以帮你指路！

❺

商场智能导视

商场智能导视会为你规划最合理的购物路线。

渴了就来找我！

❻

自助榨汁机

自助榨汁机也是一种自动售货机。投入钱币后，新鲜的水果就会经过去皮、榨汁等环节。只需要短短 45 秒，你就可以品尝到一杯新鲜的果汁！

Juice 果汁

我是循环运行的扶梯！

❼

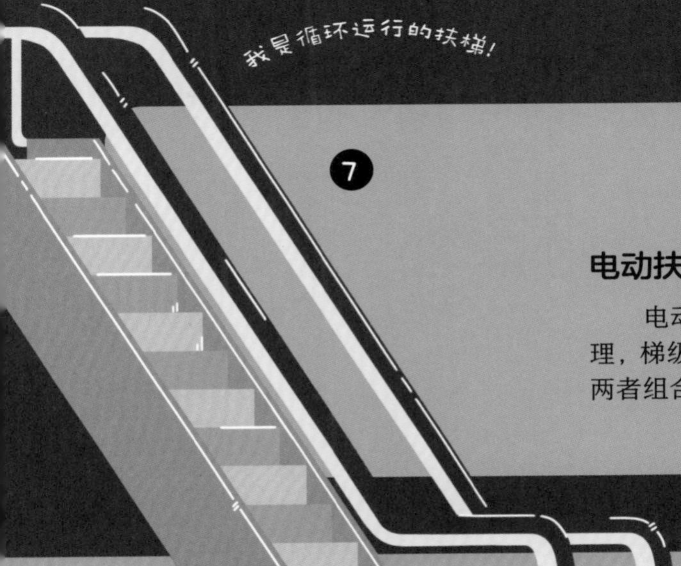

电动扶梯

电动扶梯应用的机械原理就是链传动原理，梯级就是链条，两端各有一个齿轮组合。两者组合工作，可以将乘客送上、送下。

香港的中环至半山自动扶梯系统是目前世界上最长的户外有盖电动扶梯系统，总长 800 米，由一端乘到另一端需要 20 分钟。

电动扶梯剖面图

在乘坐电动扶梯时，要站稳扶好，遵守秩序，不要跑闹哦！

克克罗 TIME 时间

电动机

扶手带入口安全装置

紧急制动开关

返回轮

阶梯链条安全装置

驱动齿轮

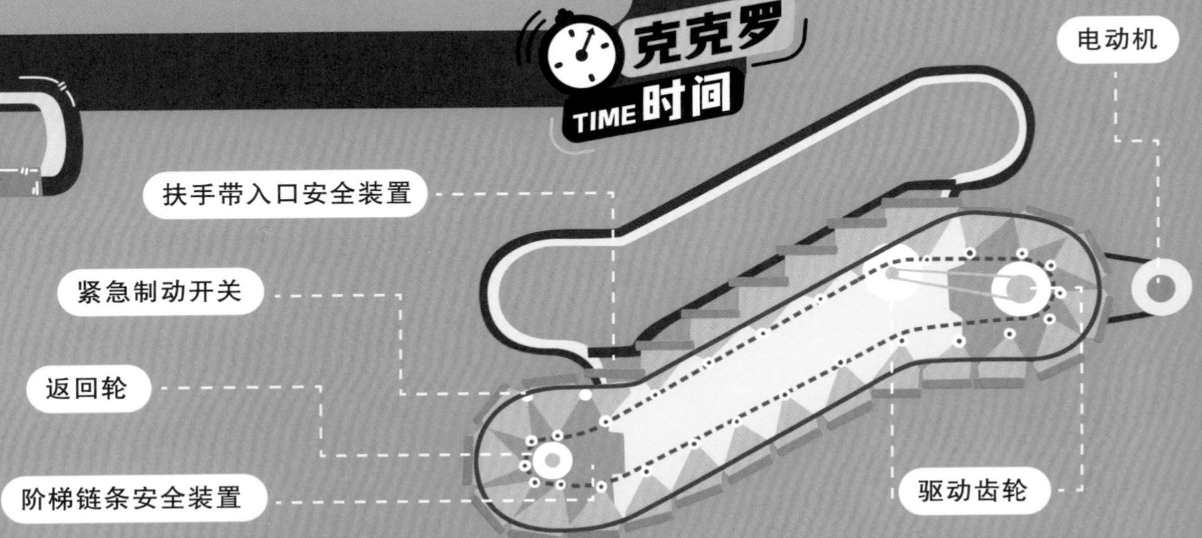

欢乐的游乐场

游乐场里的机械设备更多，它们就是游乐场的灵魂！一起去观察一下这些机械是怎么运行的吧！

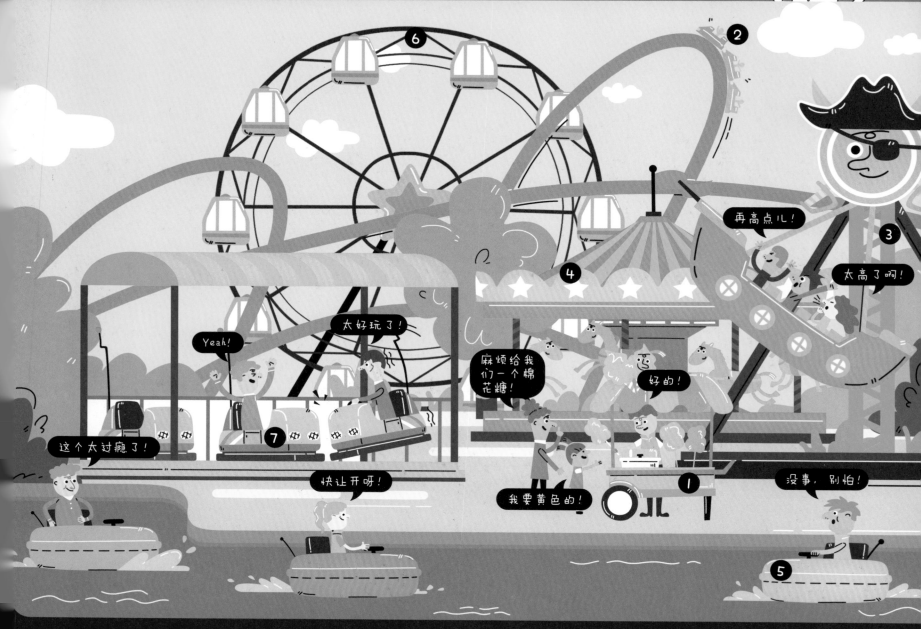

棉花糖机

棉花糖机内部有一个可以加热和快速旋转的金属容器，白砂糖在其内部加热后变为糖浆，糖浆被快速甩出后，遇到冷空气凝结为糖丝，大量的糖丝聚在一起就是我们爱吃的棉花糖了。

过山车

过山车的设计巧妙地运用了力学定律，它被弹射器或者链条带上最高点以后就不需要任何外来动力了，在能量守恒、加速度（用来表示物体速度变化快慢的物理量）和力的多种物理原理作用下，就能带我们体验飞一般的冒险之旅了！

系好安全带，准备去征服大海吧！

3

海盗船

　　海盗船内部有一个电机，可以带动船体做大幅度前后摆动。玩这个项目，就好像真的化身为海盗，在巨浪滔天的大海上劈波斩浪！

我是大家的童年记忆！

4

旋转木马

　　旋转木马内部有多个曲轴，由电机驱动。当电机工作时，多个曲轴会被驱动做往复运动，从而带动木马转动。

5

我是电动气垫船！

电动碰碰船

　　电动碰碰船采用先进的电力系统，电力充足，船体是用充气橡胶做成的，是"水上的碰碰车"。

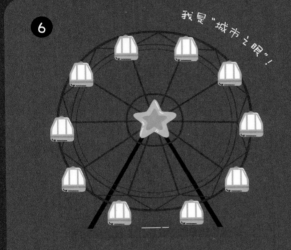

6

我是"城市之眼"！

摩天轮

　　摩天轮有一个巨大的"轮子"，轮子外侧挂有多个吊厢，由电机驱动，带动吊厢匀速缓慢移动。

7

我是游乐场里最拉风的！

碰碰车

　　碰碰车由电力驱动。碰碰车场地的天花板上有电网，而车体上有一根连接电网的电线。只有两车相碰，才能体会到玩碰碰车的乐趣。

克克罗 TIME 时间

摩天轮剖面图

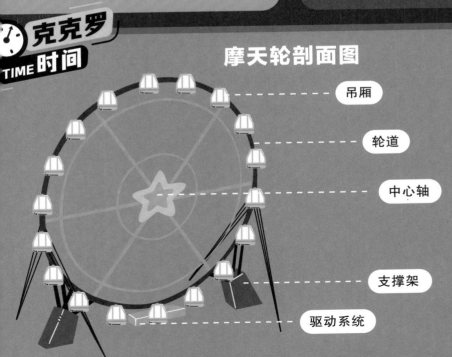

　- 吊厢

　- 轮道

　- 中心轴

　- 支撑架

　- 驱动系统

游乐场虽然又好玩又刺激，但有些惊险项目是有年龄和身高限制的，请一定要注意安全！

　　摩天轮、过山车和旋转木马合称"乐园三宝"。世界上最高的摩天轮是广州塔摩天轮，位于广州塔塔身顶端 450 米高空处，相当于 160 层楼那么高呢！

各种机械原理

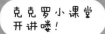

杠杆原理是著名的古希腊学者阿基米德提出的，他曾经说过一句名言："给我一个支点，我能撬动整个地球！"

杠杆原理

杠杆是最简单的机械之一，包括费力杠杆、省力杠杆和等臂杠杆。它的原理是用力点距离越远需要用的力越小，反之，离支点距离越近需要用的力就越大。简单来说，我们只需要一个支点、一根杠杆就可以用较少的力撬动较重的物体。杠杆在我们生活中的应用很广泛，如跷跷板就是等臂杠杆，工地上用的推车就是省力杠杆，划船用的船桨就是费力杠杆。

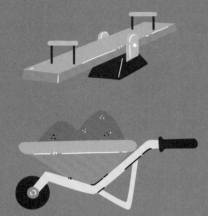

电子芯片体积非常小，它的单位是纳米级别的。一纳米等于一百万分之一毫米，相当于我们头发的六万分之一那么细。

电子芯片

电子芯片是现在所有电子产品的核心元器件。将所有的电路都缩小，然后集中铺设在一块半导体上，就是电子芯片。电子芯片可以控制所有电路，日常生活中的电子设备几乎都由它来控制。

齿轮和链条

链传动是通过链条连接齿轮传递动力的机械装置，由主动链轮、链条和从动链轮组成。当主动链轮转动时，与主动链轮啮合的链条会带动从动链轮转动。链传动有很多优点，如传动效率较高、承载量较大等。

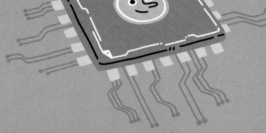

主动链轮　从动链轮

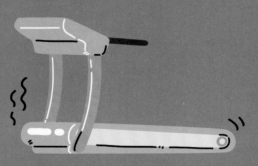

我们经常骑的自行车上的链条使用的就是链传动原理哟！

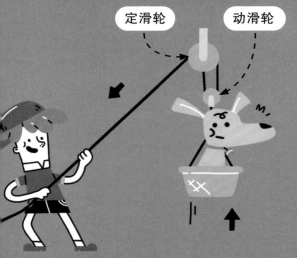

定滑轮　动滑轮

滑轮组

　　滑轮组是由多个定滑轮、动滑轮组成的，它不仅可以省力，而且可以改变力的方向。如果你想提起一个较重的物体，只需要一套滑轮组就可以了！

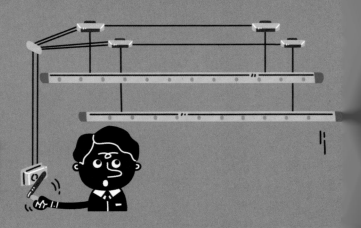

　　在日常生活中，我们随处可见滑轮组，如常用的手摇式晾衣架，还有学校升旗时使用的升旗杆等。

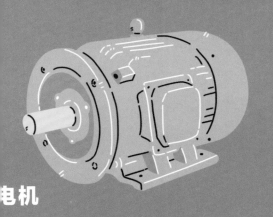

电机

　　电机，又称马达，是一种可以将电能转化为机械能的设备，它可以驱动各类机械工作。简单来说，电机就是目前常见的机械设备的动力来源。

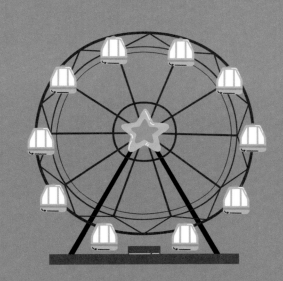

　　日常生活中有很多机械都是由电机驱动的，如游乐场里的游乐设施、和面机等。

主传动轮

副传动轮

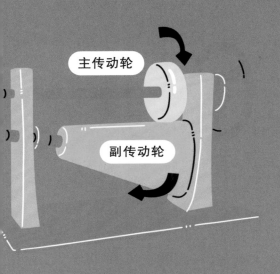

摩擦传动

　　摩擦传动机构是由两个紧密接触的摩擦轮及压紧装置等组成的，主传动轮依靠摩擦力的作用带动副传动轮转动，从而驱动机械运转。摩擦传动机构一般会应用于较大型的机械装置中，如游乐场中的旋转木马，就是使用摩擦传动来控制转动速度的。

　　缝纫机的齿轮和皮带在转动时会产生一定的摩擦力，摩擦力的大小可以控制缝纫机转速的快慢。

齿轮传动

　　齿轮传动是齿轮与齿轮之间的啮合传动，它的传动比较准确，效率高，使用寿命较长，是应用范围最广的机械组合。

　　齿轮传动可谓无处不在。如厨房里经常用到的榨汁机、面条机和搅拌机等机械中都有齿轮转动。

艺术·趣味·知识
陪伴孩子看见更远的世界

上尚印象官方公众号

「ABOUT」关于上尚印象

上尚印象是一个年轻的、充满活力的图书出版品牌。

品牌用专业的能力赋予童书更新颖的现代设计语言和图像风格。产品的阅读人群不仅是儿童，也包括对精品图书着迷的成年人。将知识类童书打造成值得收藏的全年龄段读本，努力开创"没有界限的阅读模式"是上尚人对产品的无限追求。

上尚印象主创团队从事艺术设计与少儿图书研发二十多年，对儿童出版物具有强烈的敏锐度，主持创作出版的童书达数百种。公司核心团队成员数十人，同时签约多名国内外知名插画家，真正实现了创作自主化模式。团队不仅追求美学与形式化的创新，更加重视选题内容及读者感受。主创成员均来自不同领域，选题研发初期，我们以"小选题"为基础，在各自领域内进行头脑风暴，然后编辑汇总，从而达到"大百科"的知识输出，力争为不同年龄的读者打造出值得收藏的"一本好书"。

「特别感谢」《藏在机械里的科学》研发组成员

刘胜姣、任大印、蔡瑞文、杨茜怡、董志刚、苑美峰